技能型紧缺人才培养培训系列教材

车工技能考级实训

主　　编　苏国强　许跃女
副 主 编　杨春华　冯旭超
参编人员　王周炳　王伟平

南京大学出版社

图书在版编目(CIP)数据

车工技能考级实训 / 苏国强，许跃女主编. -- 南京：南京大学出版社，2018.1

ISBN 978-7-305-19856-4

Ⅰ.①车… Ⅱ.①苏… ②许… Ⅲ.①车削—中等专业学校—教材 Ⅳ.①TG510.6

中国版本图书馆 CIP 数据核字(2018)第 012737 号

出版发行 南京大学出版社
社　　址 南京市汉口路 22 号　　邮　编 210093
出 版 人 金鑫荣

书　　名 车工技能考级实训
主　　编 苏国强　许跃女
责任编辑 刘　洋　吴　汀　　编辑热线 025-83592146

照　　排 南京理工大学资产经营有限公司
印　　刷 虎彩印艺股份有限公司
开　　本 787×1092 1/16 印张 9.5 字数 219 千
版　　次 2018 年 1 月第 1 版 2018 年 1 月第 1 次印刷
ISBN 978-7-305-19856-4
定　　价 29.80 元

网　　址：http://www.njupco.com
官方微博：http://weibo.com/njupco
微信服务号：njuyuexue
销售咨询热线：(025)83594756

前　言

本书根据浙江省中等职业教育改革发展示范校建设的相关精神，借鉴国内外先进的职业教育理念、模式和方法，采用现代职业技术教育理念，并依据教育部2009年颁布的《中等职业学校车工工艺教学大纲》，努力实现教学过程与生产过程的深度对接，以任务驱动车工技能教学。

本书坚持“以促进就业为导向、以服务发展为宗旨、以提高能力为本位”的指导思想，在专业建设指导委员会共同参与指导下，遵循课程内容对接岗位能力的标准，突出职业技能教育的特色。

本书编者均为中职学校机械数控专业双师型教师，长期从事普通车工、数控车工理实一体化教学，具有扎实的专业理论基础和丰富的专业实践经验。

本书共有五个项目十九个教学任务，由苏国强、许跃女担任主编，杨春华、冯旭超任副主编，苏国强编写了项目一，许跃女编写了项目二，杨春华编写了项目三，冯旭超编写了项目四，王周炳、王伟平编写了项目五。

本书可作为中等职业技术学校车工专业技术培训教材，也可作为中职学校学生参加全国职业技能大赛培训教材。本书的编写结合本校机械专业教学实际，力求创新。编者水平有限，难免存在疏漏甚至错误之处，望广大教师和相关读者批评指正。

编　者

2017年10月于丽水松阳

目　录

项目一　车削的基本知识

在机械制造业中，零件的加工制造一般离不开金属的切削加工，而车削加工是最重要的金属切削加工方法之一。它是机械制造业中最基本、最常用的加工方法。目前在制造业中，车削加工占到了金属切削加工的 40%～60%。在车削加工中，卧式车床的应用最为广泛，它适用于单件、小批量的轴类、套类、盘类零件的加工。车削的基本知识包括车床的简介、车床的操作入门以及安全文明生产等方面的基础知识。

知识目标

- 掌握车床型号和车床主要部件及功能；
- 了解车床传动系统；
- 了解车削运动组成及切削用量；
- 掌握车工职业安全操作规范；
- 培养安全文明生产和遵守规范操作车床的职业素养。

技能目标

- 会操作车床，并能完成主要部件功能调节；
- 掌握车床润滑部位及润滑方式；
- 能装卸卡盘；
- 能安全、文明、规范地操作车床。

任务 1.1　车床的基本知识

普通车床是能对轴、盘、环等多种类型工件进行多种工序加工的卧式车床，常用于加工工件的内外回转表面、端面和各种内外螺纹，采用相应的刀具和附件，还可进行钻孔、扩孔、攻丝和滚花等。普通车床是车床中应用最广泛的一种，约占车床类总数的 65%，因其主轴以水平方式放置故称为卧式车床。

一、车床的种类

车床的种类有卧式车床、立式车床、转塔车床、仿型车床、多刀车床及自动车床等。其中，CA6140A 型卧式车床是加工范围很广泛的万能车床，如图 1－1－1 所示。

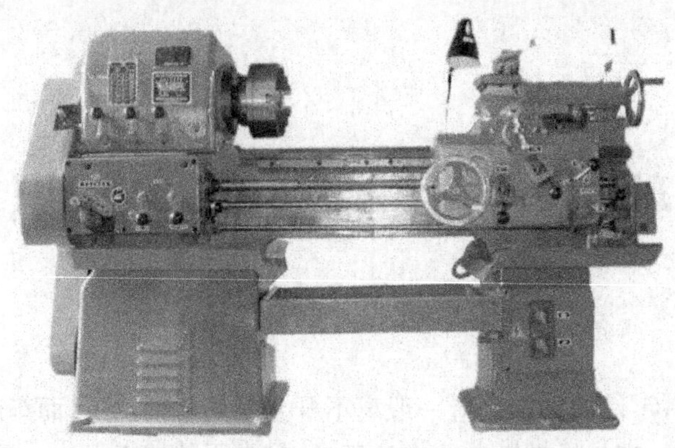

图 1-1-1　CA6140A 型卧式车床

二、车床的型号

我国现行的车床型号是按 GB/T 15375—2008《金属切削机床型号编制办法》编制的。车床型号由英文字母和阿拉伯数字组成，用以简明地表示车床的类型、通用特性和结构特性、主要技术参数等。例如 CA6140A 型车床中各代号及其数字的含义如下：

C——机床的类代号（车床类）；

A——通用特征、结构特性代号；

6——机床的组代号(卧式车床组)；

1——机床的系代号(卧式车床系)；

40——机床的主要参数代号(最大旋转直径为 40mm)；

A——重大改进序号(第一次重大改进)。

三、车床各部分的名称及其作用

卧式车床在车床中使用最多,它适用于单件、小批量的轴类、盘类工件的加工。了解卧式车床各部件的名称与作用,是本任务学习和掌握的重点。因为卧式车床是目前我国机械制造业中应用较为普遍的一种机型,其在结构、性能和功用等方面很具有代表性,所以任务以卧式车床为对象,对该车床主要组成部件的名称和作用进行介绍。卧式车床结构及附件如图 1-1-2所示。

1. 床头变速箱(简称床头箱)

床头变速箱主要用于安装主轴和主轴的变速机构,主轴前端安装卡盘以夹紧工件,并带动工件旋转实现主运动。为方便安装长棒料,主轴为空心结构。

2. 交换齿轮箱(又称挂轮箱)

交换齿轮箱主要用来将主轴的转动传给进给箱,调换箱内齿轮,并和进给箱配合,可以车削不同螺距的螺纹。

3. 进给箱(又称走刀箱)

进给箱主要安装进给变速机构。它的作用是把从主轴经挂轮机构传来的运动传给光杠或丝杠,以取得不同的进给量和螺距。

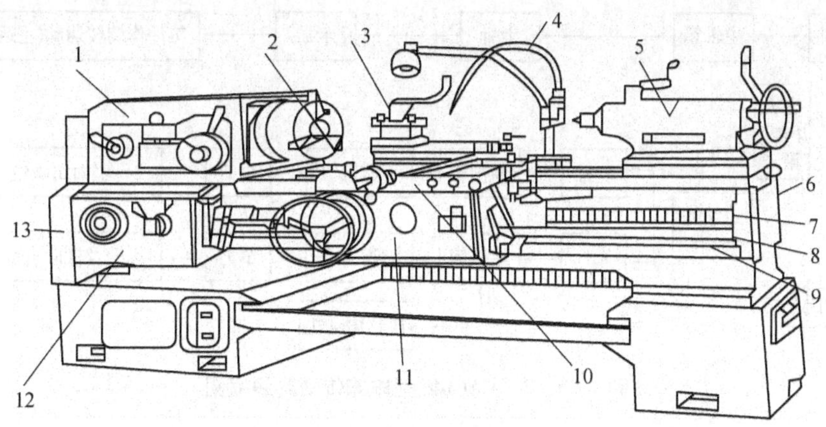

图 1-1-2　卧式车床

1—主轴箱；2—卡盘；3—刀架；4—冷却液管；5—尾座；
6—床身；7—长丝杠；8—光杠；9—操纵杠；10—溜板；
11—溜板箱；12—进给箱；13—挂轮箱

4. 溜板箱

溜板箱是操纵车床实现进给运动的主要部分，通过手柄接通光杠可使刀架做纵向或横向进给运动，接通丝杠可车螺纹。其结构组成包括大拖板、中拖板、小拖板和刀架。大拖板是纵向车削用的，每格为 1 mm；中拖板是横向车削用和控制被吃刀量，每格为0.05 mm；小拖板是纵向车削较短工件或角度工件，每格为 0.05 mm。

5. 刀架部分

刀架部分由两层滑板（中、小滑板）、床鞍及刀架体共同组成，用来安装车刀并带动车刀做纵向、横向或斜向运动。

6. 尾座

尾座安装顶尖，支顶较长工件，还可安装中心钻、钻头、铰刀等其他切削刀具。

7. 床身

床身用于支撑和连接车床其他部件并保证各部件间的正确位置和相互运动关系。

8. 冷却装置

冷却装置主要通过冷却水泵将水箱中的切削液加压后喷射到切削区域，降低切削温度并冲走切屑，润滑加工表面，以提高刀具使用寿命和工件的表面加工质量。

9. 附件

(1) 中心架、跟刀架：车削较长工件时用来支撑工件；

(2) 花盘、角铁：车削复杂畸形工件时用来装夹工件；

(3) 冷却系统：用来输送并浇注切削液；

(4) 照明系统：光线较差时用来照明。

四、车床的传动路线

CA6140 型车床传动路线框图如图 1-1-3 所示。

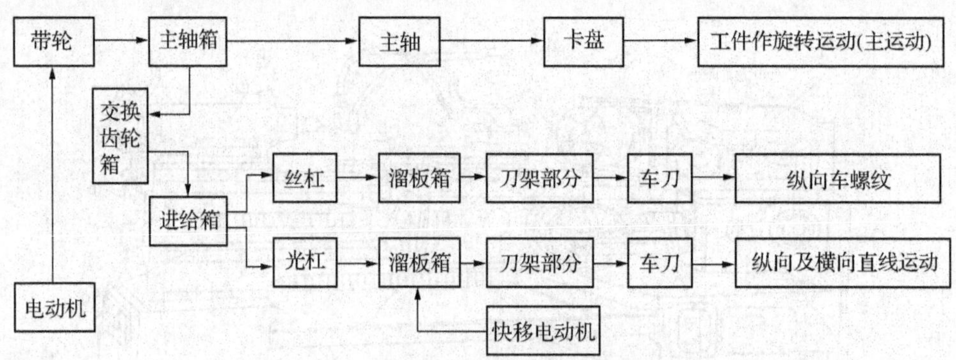

图 1-1-3　CA6140 型车床传动路线框图

五、车床的日常保养

1. 车床的润滑方式

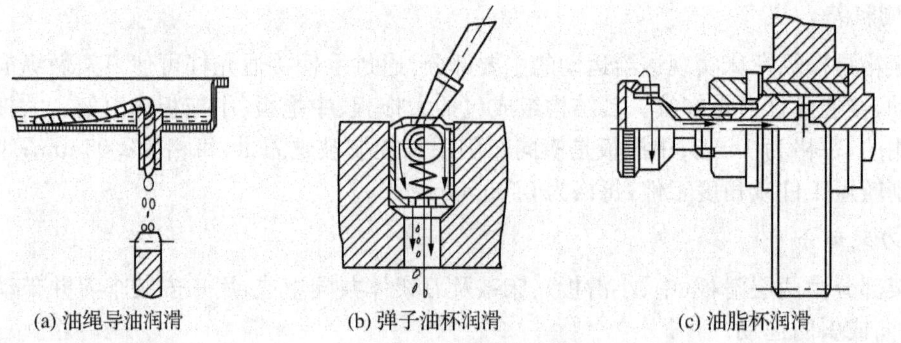
(a) 油绳导油润滑　(b) 弹子油杯润滑　(c) 油脂杯润滑

图 1-1-4　车床上常见的润滑方式

(1) 浇油润滑

浇油润滑常用于外露的滑动表面，如床身导轨面和滑板导轨面等。一般用油壶进行浇注。

(2) 溅油润滑

溅油润滑常用于密闭的箱体中。如车床主轴中的传动齿轮将箱底的润滑油溅射到箱体上的油槽中，然后经槽内油孔流到各润滑点进行润滑。

(3) 油绳导油润滑

油绳导油润滑利用毛线既易吸油又易渗油的特性，通过毛线把油引入润滑点，进行间断滴油润滑，常用于进给箱和溜板箱的油池中。一般用油壶对毛线和油池进行浇注。

(4) 弹子油杯润滑

用油壶的油嘴压下油杯上的弹子，将油注入。油嘴撤去后，弹子又恢复原位封住油口，以防止灰尘和切屑入内。常用于尾座和中、小滑板上的摇动手柄及丝杠、光杠、操纵杆支架的轴承处等。

(5) 油脂杯润滑

先在油脂杯中加满钙基润滑脂（黄油），定时拧进油杯盖，将杯中的润滑脂挤压到润滑点（如轴套）中。常用于交换齿轮箱挂轮架的心轴等处。

(6) 油泵循环润滑

油泵循环润滑常用于转速高、需要润滑油连续充分润滑的场合，例如，主轴箱、进给箱内的部分润滑点就采用这种方式进行润滑。

2. 车床的保养

车床日常保养见表1-1-1。

表1-1-1　车床日常保养

时　间	日常保养内容及要求
上课前	(1) 擦干净车床外露导轨面及滑动面的灰尘等 (2) 按规定润滑各部位 (3) 检查各手柄位置是否正常 (4) 启动车床空运行1～2 min
下课后	(1) 应用专用铁钩清除铁屑 (2) 打扫机床周围卫生，并擦干净机床各部位 (3) 部件整理归位 (4) 按规定加注润滑油 (5) 各转动手柄放到空挡位置，关闭电源

表1-1-2　车床的一级保养

序号	保养部位	保养内容与要求
1	外部	(1) 清洗车床表面及各罩盖，要求内外清洁，无锈蚀，无油污 (2) 清洗丝杠、光杠、操纵杆等外露精密表面，无锈蚀，无油污 (3) 检查并补齐螺钉，手柄等。清洗机床附件
2	主轴箱	(1) 检查主轴有无松动，紧固螺钉是否锁紧 (2) 调整摩擦片及制动器间隙 (3) 检查传动带，必要时调整松紧 (4) 清洗滤油器和油池，更换润滑油
3	滑板、刀架	(1) 清洗刀架，调整中、小滑板的塞铁间隙 (2) 清洗调整中、小滑板丝杠螺母的间隙
4	交换齿轮箱	(1) 清洗齿轮、轴套，并注入新油脂 (2) 调整齿轮啮合间隙 (3) 检查轴套有无晃动现象
5	尾座	(1) 清洗尾座，保持内、外清洁 (2) 调整顶尖同轴度
6	冷却润滑系	(1) 清洗冷却泵、滤油器盛液盘 (2) 清洗油绳、油毡，保证油孔、油路清洁 (3) 检查油质、油量是否符合要求 (4) 油杯齐全，油窗明亮
7	附件	清洁，摆放整齐，防锈
8	电气部分	(1) 清扫电动箱与电气箱 (2) 电气装置固定牢固，动作可靠，触点良好
9	机床周围环境	物品摆放整齐、顺手，环境清洁卫生

六、切削液

1. 切削液的作用

(1) 冷却作用

切削液能将切削热迅速地从切削区带走，使切削温度降低，从而提高加工质量和延长刀具寿命。切削液的流动性、导热系数、热容和汽化热等参数越大，冷却性就越好。

(2) 润滑作用

切削液能渗透到刀具、切屑及工件之间，形成不完全的润滑膜，以减少金属表面的直接接触，降低摩擦阻力，减少切屑变形，抑制积屑瘤的生长，减少已加工表面的粗糙度值，并提高刀具的耐用度。

(3) 清洗和排屑作用

切削液能将切削、金属粉尘和砂轮上脱落的磨粒等及时地从工件、切削工具上冲走，以免其堵塞并划伤已加工表面。

(4) 防锈作用

切削液中加入防锈剂，可保护工件、车床、刀具免受腐蚀，起到防锈作用。

2. 切削液的种类

常用的切削液分为水溶液、乳化液和切削油 3 大类。

(1) 水溶液

水溶液是以水为主要成分并加入防锈剂的切削液。其作用以冷却为主。

(2) 乳化液

乳化液是由水和油再加乳化剂混合而成。其既能起冷却作用，又能起润滑作用。

(3) 切削油

切削油主要是由矿物油加入动、植物油和油性或极压添加剂配制而成的混合油。其主要起润滑作用。

3. 切削液的选择

(1) 粗加工时，因切削深、进给快，产生热量多，所以应以工艺要求进行合理选择。

(2) 精加工时，主要是保证工件的精度、减小表面粗糙度和延长刀具使用寿命，应选择以润滑为主的切削油。

(3) 使用高速钢车刀应加注切削液，使用硬质合金车刀一般不加注切削液。

(4) 车削脆性材料如铸铁，一般不加切削液。若需要加，则只能加注煤油。

(5) 车削镁合金时，为防止燃烧起火，不加切削液。若必须冷却时，应用压缩空气进行冷却。

【技能训练】

(1) 以自己学校实训车间车床为例，完成下表。

表 1-1-3　车床操作练习

序号	任　务	步　骤	注意事项	备　注
1	说明车床型号			
2	大进退练习拖板、中拖板、小拖板			
3	车床的启动和停止（正转、反转）			
4	主轴变速调节(由低速—高速)练习			
5	进给行程调节练习			

(2) 以自己实训车床为例查找加油润滑的部位,并对其进行加油润滑,然后完成表 1-1-4。

表 1-1-4　车床润滑练习

序　号	部　位	润滑方式	润滑油型号	备　注
1				
2				
3				
4				
5				
6				
7				
8				
9				
10				
……				

任务 1.2　车床操作入门

一、简单工件和刀具的装夹

1. 三爪自定心卡盘

三爪自定心卡盘的特点是三爪同步运动,实现自动定心装夹工件;其装夹工件一般不需找正,装夹快捷方便;适用于精度要求不是很高,形状规则(如圆柱形、正三角形、正六边形等)的中、小型工件的装夹。如图 1-2-1 所示。

图 1-2-1　三爪自定心卡盘

(1) 定心卡盘的规格

常用的公制自定心卡盘规格有:ϕ150、ϕ 200 和 ϕ 250 3 种。

(2) 自定心卡盘的拆装步骤

装 3 个卡爪的方法。装卡盘时,用卡盘扳手的方榫插入小锥齿轮的方孔中旋转、带动大锥齿轮的平面螺纹转动。当平面螺纹的螺口转到将要接近壳体槽时，将1号卡爪装入壳体槽内。其余两个卡爪按2号、3号顺序装入，装的方法与前相同。

(3) 卡盘在主轴上装卸练习

① 装卡盘时，首先将连接部分擦净，加油确保卡盘安装的准确性；

② 卡盘旋上主轴后，应使卡盘法兰的平面和主轴平面贴紧；

③ 卸卡盘时，在操作者对面的卡爪与导轨面之间放置一定高度的硬木块或软金属，然后将卡爪转至近水平位置，慢速倒车冲撞。当卡盘松动后，必须立即停车，然后用双手把卡盘旋下。

(4) 注意事项

① 在主轴上安装卡盘时，应在主轴孔内插一铁棒，并垫好床面护板，防止砸坏床面；

② 安装3个卡爪时，应按逆时针方向顺序进行，并防止平面螺纹转过头；

③ 装卡盘时，应切断车床电源，以防危险。

2. 外圆车刀和切断刀的装夹

(1) 外圆车刀的装夹要求

车刀安装正确与否，直接影响切削能否顺利进行和工件的加工质量，因此车刀必须正确牢固地安装在刀架上，安装车刀应注意下列几点：

① 刀头不宜伸出太长，否则切削时容易产生振动，影响工件加工精度和表面粗糙度，一般刀头伸出不超过刀杆厚度的1～1.5倍，能看见刀尖车削即可，如图1-2-2所示。

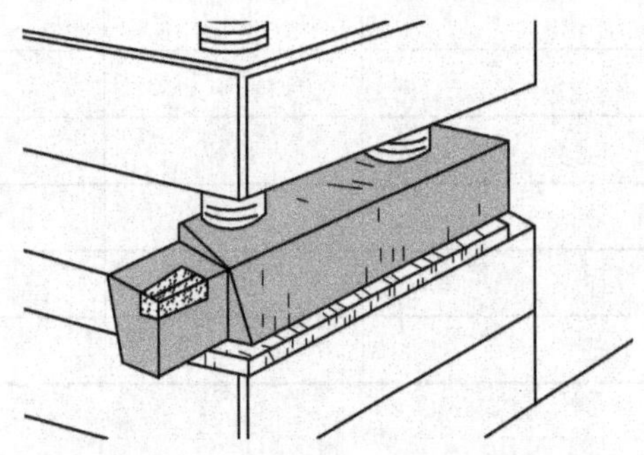

图1-2-2 外圆车刀的安装

② 刀尖应与车床主轴中心线等高。车刀装得太高，后角减小，前角增大，切削不顺利，会使刀尖崩碎，刀尖的高低，可根据尾架顶尖高低来调整车刀的安装。

(2) 切断刀的装夹要求

① 切断刀不宜伸出过长，同时切断刀的中心线必须装得与工件轴线垂直，以保证两副偏角的对称；

② 切断实心工件时，切断刀必须装得与工件轴线等高，否则不能切到中心，而且容易崩刃甚至折断车刀；

③ 切断刀底平面如果不平，安装时会引起两副后角不对称。

3. 切削用量的初步选择

(1) 切削用量选择的意义

合理选择切削用量，可以充分发挥机床的功率(kW)、机床的运动参数(n、f、v_t)、冷却润滑系统、操作系统的功能，可以充分发挥刀具的硬度、耐磨性、耐热性、强度及刀具的几何参数等切削性能，也可以提高产品的加工质量、效率，降低加工成本，确保生产操作安全。

（2）切削用量选择的原则

粗加工时，为充分发挥机床和刀具的性能，以提高金属切除量为主要目的，应选择较大的切削深度、较大的进给量和适当的切削速度。

精加工时，应主要考虑保证加工质量，并尽可能地提高加工效率，应采用较小的进给量和较高的切削速度。

在切削加工性差的材料时，由于这些材料硬度高、强度高、导热系数低，必须首先考虑选择合理的切削速度。

二、常用车刀

1. 常用车刀材料

目前车刀切削部分的常用材料有高速钢和硬质合金两大类。

高速钢是含有 W、Mo、Cr、V 等合金元素较多的合金工具钢，高速钢又可分为普通高速钢、高性能高速钢、粉末冶金高速钢及涂层高速钢。

硬质合金：由硬度和熔点很高的碳化物（硬质相，如 WC、TiC、TaC、NbC 等）和金属（黏结相，如 Co、Ni、Mo 等）通过粉末冶金工艺制成的。

2. 常用车刀种类

车刀按其车削的内容不同分外圆车刀、端面车刀、切断刀、内孔车刀、成形车刀和螺纹车刀，如图 1-2-3 所示。

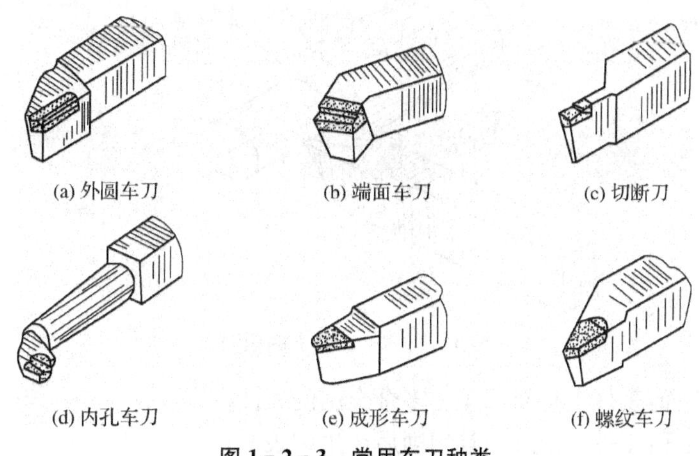

(a) 外圆车刀　(b) 端面车刀　(c) 切断刀

(d) 内孔车刀　(e) 成形车刀　(f) 螺纹车刀

图 1-2-3　常用车刀种类

三、车削运动和切削用量

车削是在车床上利用工件的旋转运动和刀具的直线运动的相对运动来改变毛坯的形状和尺寸，将毛坯加工成符合图纸要求工件的方法。

1. 车削运动

车床的切削运动主要是指工件的旋转运动和车刀的直线运动。车刀的直线运动又称进给运动。进给运动分为纵向进给运动和横向进给运动。

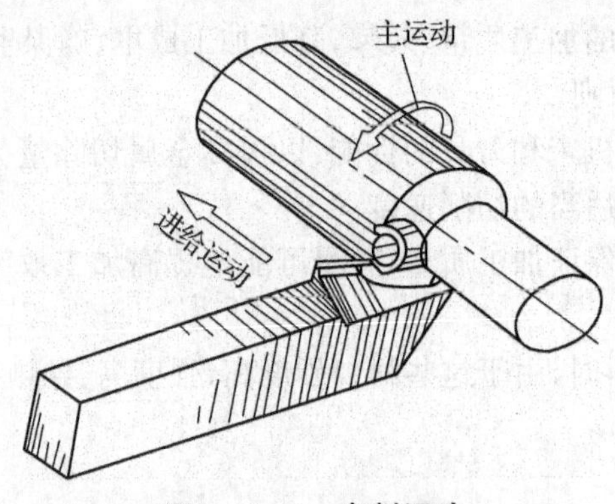

图 1-2-4 车削运动

(1) 主运动

车削时形成切削速度的运动，称为主运动。工件的旋转运动就是主运动。如图 1-2-4 所示。

(2) 进给运动

进给运动是指使工件的多余材料不断被切除的运动。如车外圆时，车刀是纵向进给运动；车端面、切断、车槽时，车刀是横向进给运动。

2. 车削时工件上形成的表面

在车削的过程中，工件上有以下 3 个不断变化的表面。

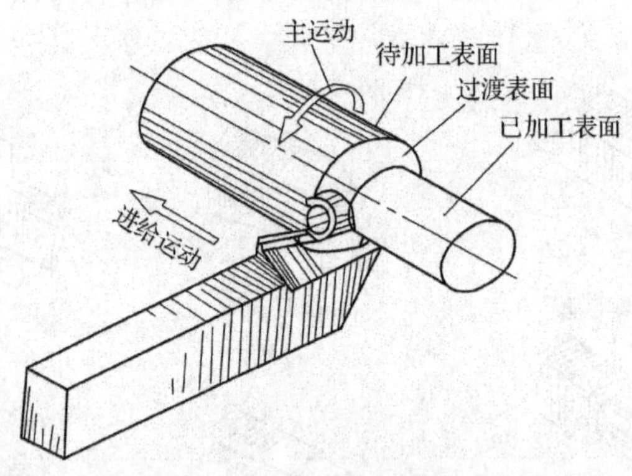

图 1-2-5 工件上的表面

(1) 待加工表面：工件上将要被车去多余金属的表面；

(2) 已加工表面：工件上经过刀具切削后产生的表面；

(3) 过渡表面：刀具切削刃在工件上形成的表面，即连接待加工表面和已加工表面之间的表面。

3. 切削用量

切削用量又称切削三要素，是衡量车削运动大小的参量。切削用量包括切削深度、进给量和切削速度。

(1) 切削深度(背吃刀量) a_p

切削深度是工件已加工表面与待加工表面间的垂直距离(单位：mm)。车外圆时的切削深度的计算公式为：

$$a_p = \frac{d_w - d_m}{2}$$

式中：a_p——切削深度；

d_w——工件待加工表面直径；

d_m——已加工表面直径

(2) 进给量 f

进给量是工件每转一圈，车刀沿进给方向移动的距离(单位：mm/r)，进给量为纵向进给量和横向进给量两种方向。

① 沿车床床身导轨方向移动的进给量为纵向进给量。

② 垂直于车床床身导轨方向进给量，称为横向进给量。

(3) 切削速度 v_c

切削速度是指切削刃上选定的点相对于工件的主运动的瞬时速度，单位(mm/r)。车削时，切削速度的计算公式为

$$v_c = \frac{\pi D n}{1\,000}$$

式中：v_c——切削速度，m/min；

D——待加工零件表面直径，mm；

n——主轴转速，r/min。

4. 切削用量选择的基本原则

(1) 尽量选择较大的切削深度；

(2) 在工艺装备和技术条件允许的情况下，选择最大的进给量；

(3) 根据刀具耐用度，确定合理的切削深度。

四、砂轮机的使用

1. 砂轮机结构

砂轮机主要由基座、砂轮、电动机或其他动力源、托架、防护罩和给水器等所组成，如图1-2-6所示。

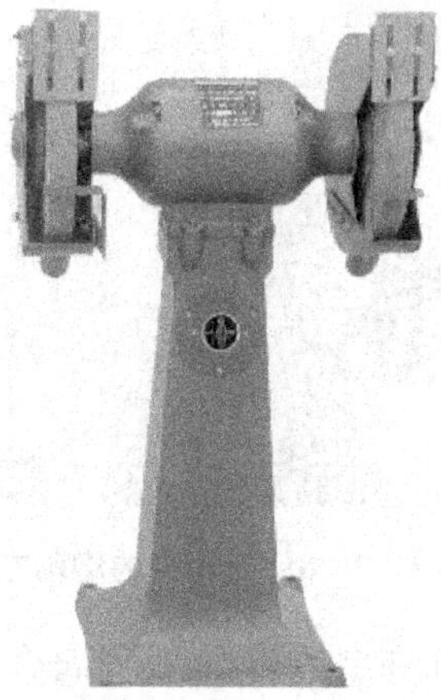

图1-2-6　砂轮机

2. 砂轮机安全操作规程

砂轮机安全操作规程如下：

(1) 砂轮机的旋转方向要正确，只能使磨屑向下飞离砂轮。砂轮机必须装有防护罩。

(2) 砂轮机启动后，应在砂轮机旋转平稳后再进行磨削。若砂轮机跳动明显，应及时停机修整。

(3) 砂轮机托架和砂轮之间应保持 3 mm 的距离，以防止工件扎入造成事故。刃磨时，刀头不能往下掉，以免卷入砂轮罩中发生严重事故。

(4) 磨削时应站在砂轮机的侧面或侧前面，且用力不宜过大。

(5) 安装前如发现砂轮的质量、硬度、粒度和外观有裂缝等缺陷时，不能使用。禁止磨削紫铜、铅、木头等东西，以防砂轮嵌塞。

(6) 刃磨车刀时，要戴好防护眼镜，不准戴手套操作。吸尘机必须完好有效，如发现故障，应及时修复，否则应停止磨刀。

3. 车刀刃磨

车刀的刃磨步骤，以硬质合金 90°偏刀刃磨为例。

(1) 粗磨：刃磨主后刀面控制主偏角和主后角，刃磨副后刀面控制副偏角和副后角，刃磨前刀面控制刃倾角；

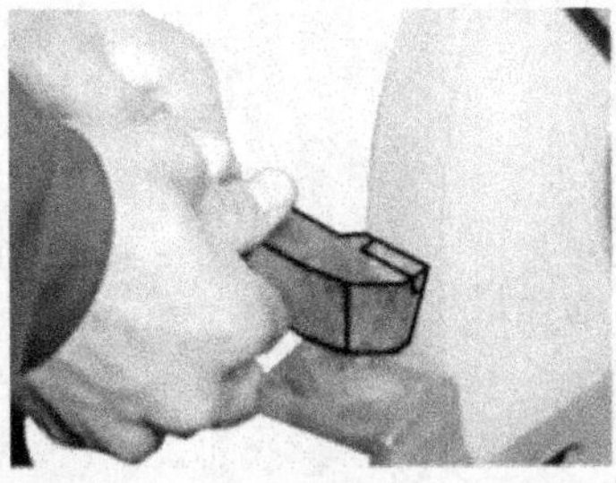
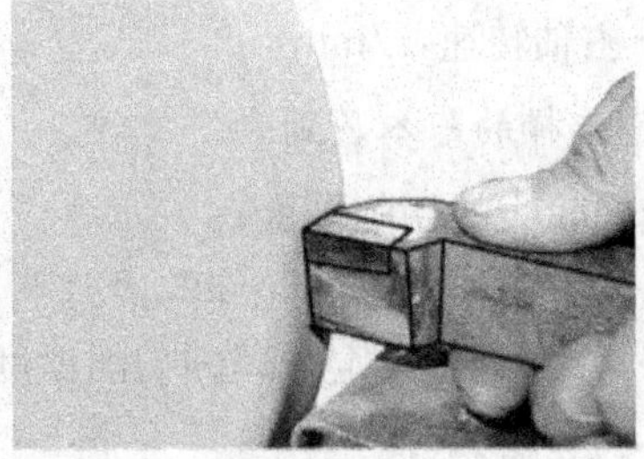

图 1-2-7　磨主后刀面、副后刀面

(2) 磨断屑槽控制前角；

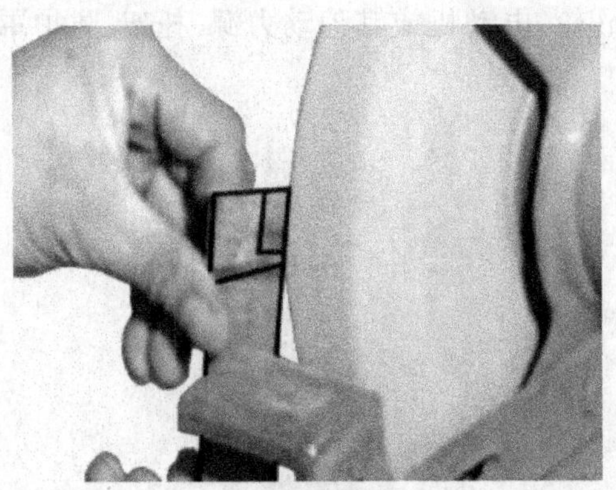

图 1-2-8　断屑槽的磨削方法

(3) 精磨刀头前刀面、主后刀面和副后刀面，使其符合要求；

(4) 刃磨刀尖控制过渡刃(修光刃)，刃磨主刀刃控制负倒棱；

图 1-2-9　磨过渡刃、负倒棱

刃磨高速钢车刀时一定要注意刀体部分的冷却，防止因磨削温度过高造成车刀退火；刃磨硬质合金车刀一般不用冷却，若刀柄太热可将刀柄浸在水中冷却，绝不允许将高温刀体沾水，以防止刀头断裂。

任务 1.3　安全文明生产

一、任务描述

坚持安全、文明生产是保障生产工人和设备的安全，防止工伤和设备事故的根本保证，同时也是工厂科学管理的一项十分重要的手段。

二、安全文明生产的重要性

安全生产既是一项管理工作、技术工作，同时也直接关系到企业的经济效益和生产效率的提高，影响设备和工、卡、量具的使用寿命以及操作工人技术水平的正常发挥。安全、文明生产的一些具体要求是在长期生产活动中的实践经验以及血的教训的总结，要求操作者必须严格执行。

三、车床安全操作规程

1. 启动前

(1) 检查机床各手柄是否处于正常位置；

(2) 传动带、齿轮安装罩是否转好；

(3) 进行加油润滑。

2. 安装工件

(1) 工件要夹正、夹牢；

(2) 工件安装、拆卸完毕后随手取下卡盘扳手；

(3) 安装、拆卸大工件时，应用木板保护床面；

(4) 顶针轴不能伸出全长的 1/3 以上，一般轻工件不得伸出 1/2 以上；

(5) 装夹偏心物时，要加平衡块，并且每班应检查螺帽的紧固程度；

(6) 加工长料时，车头后面不得露出太长，否则应装上托架并有明显标志。

3. 安装刀具

(1) 刀具要垫好、放正、夹牢；

(2) 装卸刀具和切削加工时,切记先锁紧方刀架;

(3) 装好工件和刀具后,应进行极限位置检查。

4. 启动后

(1) 不能改变主轴转速;

(2) 不能度量工件尺寸;

(3) 不能用手触摸转动的工件;

(4) 不能用手触摸切削的工件;

(5) 切削时要带好防护眼镜;

(6) 在加工过程中,使用尾架钻孔、铰孔时,不能挂在拖板上起刀,使用中心架时要注意校正工件的同心度;

(7) 使用纵横走刀时,小刀架上盖至少要与小刀架下座平齐,中途停车必须先停走刀后才能停车;

(8) 加工铸铁时,机床上的润滑油要擦拭干净。

5. 下班时

(1) 工、夹、量具、附件妥善放好,将走刀箱移至尾座一侧,擦净机床、润滑加油、清理场地、关闭电源;

(2) 逐项填写设备使用卡;

(3) 擦拭机床时防止刀尖、切屑等划伤手,并防止溜板箱、刀架、卡盘、尾座等相碰撞。

6. 若发生事故

(1) 立即停车,关闭电源;

(2) 保护现场;

(3) 及时向有关人员汇报,以便分析原因,总结经验教训。

四、文明生产的要求

(1) 刀具、量具及工具等的放置要稳妥、整齐、合理,有固定位置,便于操作时取用,用后应放回原处,主轴箱盖上不应放置任何物品;

(2) 工具箱内应分类摆放物件,精度高的应放置稳妥,重物放下层,轻物放上层;

(3) 正确使用和爱护量具。经常保持清洁、用后擦净、涂油、放入盒内,并及时归还工具室,所使用量具必须定期校验,以保证其度量准确;

(4) 不允许在卡盘及床身导轨上敲击或校直工件,床面上不准放置工具或工件,装夹、找正较重工件时,应用木板保护床面;

(5) 车刀磨损后,应及时刃磨,不允许用钝刃车刀继续车削,以免增加车床负荷、损坏车床,影响工件表面的加工质量和生产效率;

(6) 批量生产的零件,首件应送检,在确认合格后,方可继续加工,精车工件要注意防锈处理;

(7) 毛坯、半成品和成品应分开放置,半成品和成品应堆放整齐,轻拿轻放,严防碰伤已加工表面;

(8) 图样、工艺卡片应放置在便于阅读的位置,并注意保持其清洁和完整;

(9) 使用切削液前,应在床身导轨上涂润滑油;

(10) 工作场地周围应保持清洁整齐,避免杂物堆放,防止绊倒。

项目二　轴类零件的车削

知识目标

- 知道轴类工件及类别；
- 理解轴类工件常用车刀几何角度及选择；
- 掌握轴类工件常用装夹方法；
- 掌握轴类工件常见加工方法；
- 学会轴类工件的精度控制。

技能目标

- 会根据轴类工件要求刃磨轴类工件车刀角度；
- 能完成中级精度的典型轴类零件加工。

任务 2.1　阶台短轴的车削

一、外圆车刀、切槽刀与切断刀

1. 外圆车刀

按刀具主偏角的不同分为 45°弯头刀、75°车刀和 90°偏刀，可用于车削工件外圆、端面和阶台，不同主偏角的外圆车刀主要特点和用途如图 2-1-1 所示。

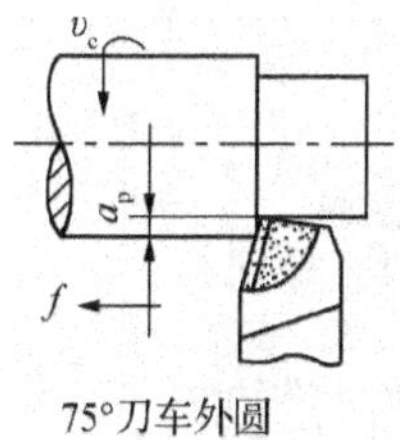

75°刀车外圆　　45°弯头刀车外圆

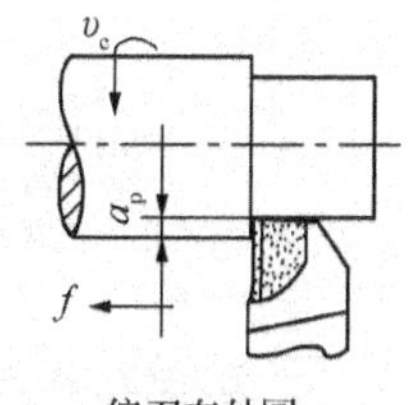

偏刀车外圆

图 2-1-1　外圆车刀

刀尖角＜90°，刀尖强度高；散热性能好。主要用于车外圆，车大断面。

刀尖角＝90°，刀尖强度好；散热性能好。主要用于车断面，车较短外圆及倒角。

刀尖角＞90°，主偏角较大，不易使工件产生径向弯曲。主要用于精车外圆及直台阶、端面。

按走刀方向不同可分为右(正)车刀和左(反)车刀，常用的是右车刀，如图 2-1-2 所示。

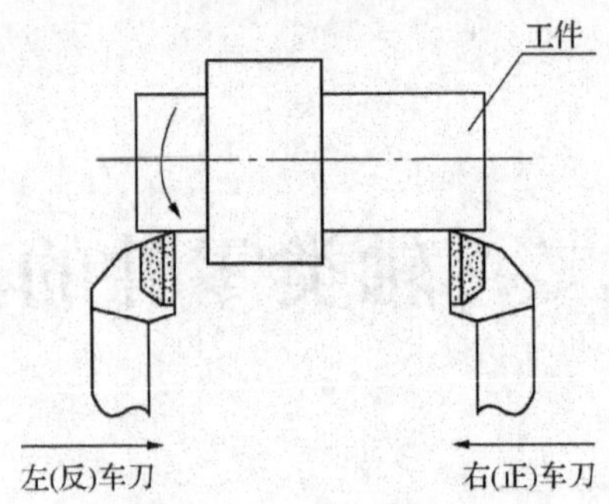

图 2-1-2　右走刀和左走刀

按加工性质不同可分为粗车刀与精车刀。

(1) 外圆粗车刀

外圆粗车刀要适应粗车进切削深、进给快的要求，车刀形状角度要保证有足够的强度，能在一次进给中车去较多的加工余量。

典型外圆粗车刀几何角度及选择如图 2-1-3 所示。

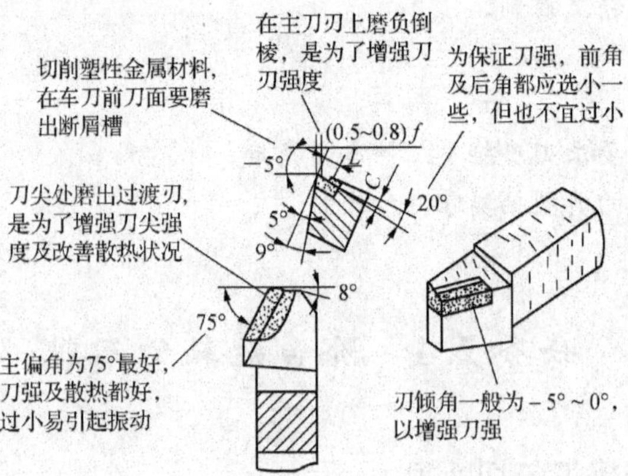

图 2-1-3　典型粗车刀几何角度及选择

(2) 外圆精车刀

外圆精车刀要保证工件的尺寸精度和表面粗糙要求，因此外圆精车刀要足够锋利，切削刃平直光洁。典型精车偏刀几何角度及其选择如图 2-1-4 所示。

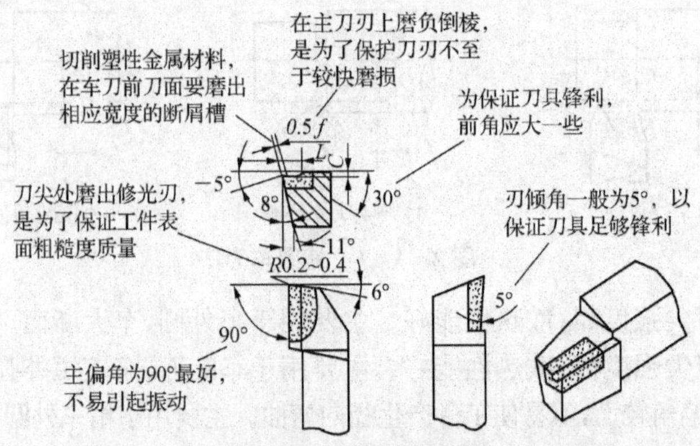

图 2-1-4　典型精车偏刀几何角度及选择

2. 切槽刀与切断刀

切槽刀与切断刀受加工空间限制，刀片很薄，加之散热不良，排屑不畅，如操作不当很容易折断。切刀按刀具材料分，有高速钢切断刀和硬质合金切断刀两种，如图 2-1-5 所示。

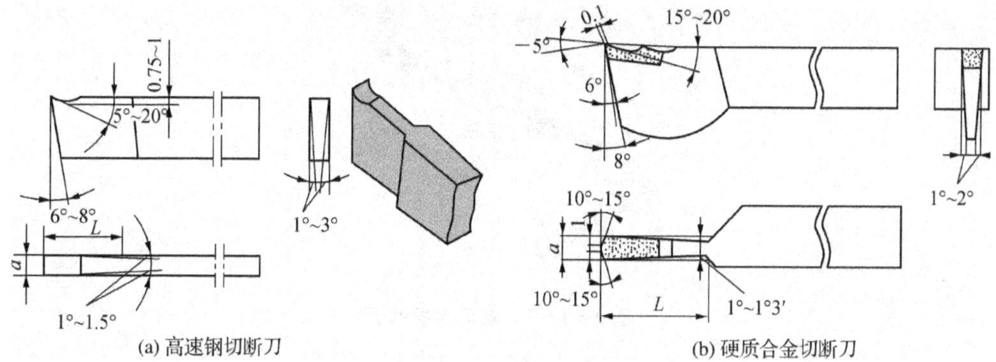

图 2-1-5　高速钢切断刀和硬质合金切断刀

切槽刀与切断刀的形状及几何角度大致相同。

切刀刀头长度：根据加工具体情况确定，一般不宜太长。切断刀刀头的长度应大于将工件切断时的切入深度 2～3 mm。

切刀刀头宽度：当加工窄槽时，切槽刀刀头宽度等于槽宽。切断刀刀宽虽不受槽宽限制，但也不能太宽，浪费金属材料及因切削力太大而引起振动；太窄，刀头容易折断。通常切断刀刀头宽度 a 可按下列经验公式确定。

$$a \approx (0.5 \sim 0.6)\sqrt{D}$$

式中：D——工件直径，mm。

为减少刀具刃磨量和节省刀具材料，目前，高速钢切断刀通常做成 4～6 mm 的切刀片，插装在专用的弹性切刀盒中，再压到刀架上，如图 2-1-6 所示。

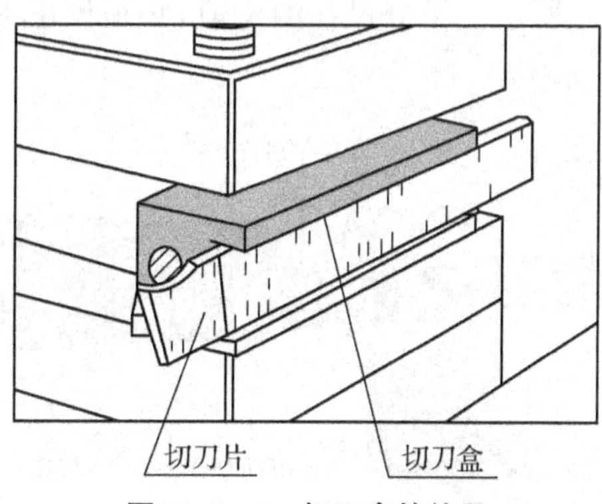

图 2-1-6　切刀盒的使用

二、游标卡尺和千分尺的正确使用

1. 游标卡尺

游标卡尺的式样很多，常用的有双面游标卡尺(见图 2-1-7 所示)和三用游标卡尺。以测量精度分又分为 0.1 mm(1/10)精度游标卡尺,0.05 mm(1/20)精度游标卡尺和 0.02 mm(1/50)精度游标卡尺。

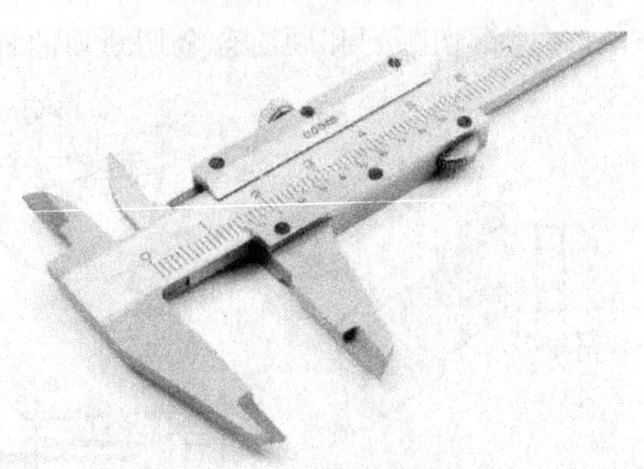

图 2-1-7 双面游标卡尺

(1) 游标卡尺读数方法

① 首先读出游标零线(在尺身上多少毫米的后面);

② 其次看游标上哪一条刻线与尺身上的刻线相对齐;

③ 最后将尺身上的整毫米数和游标上的小数加起来,即为测量的尺寸读数。

(2) 游标卡尺的使用方法和测量范围

游标卡尺的测量范围很广,可以测量工件外径、孔径、长度、深度以及沟槽宽度等。

2. 千分尺

千分尺是生产中常用精密量具之一,它的测量精度一般为 0.01 mm,但由于测微螺杆的精度和结构上的限制,因此其移动量通常为 25 mm ,所以常用的千分尺测量范围分别为 0～25 mm,25～50 mm,50～75 mm,75～100 mm 等,每隔 25 mm 为一档规格。根据用途的不同,千分尺的种类很多,有外径千分尺、内径千分尺、内测千分尺、游标千分尺、螺纹千分尺和壁厚千分尺等,它们虽然用途不同,但都是利用测微螺杆移动的基本原理。这里主要介绍外径千分尺,如图 2-1-8 所示。千分尺在测量前,必须校正零位,如果零位不准,可用专用扳手调整。

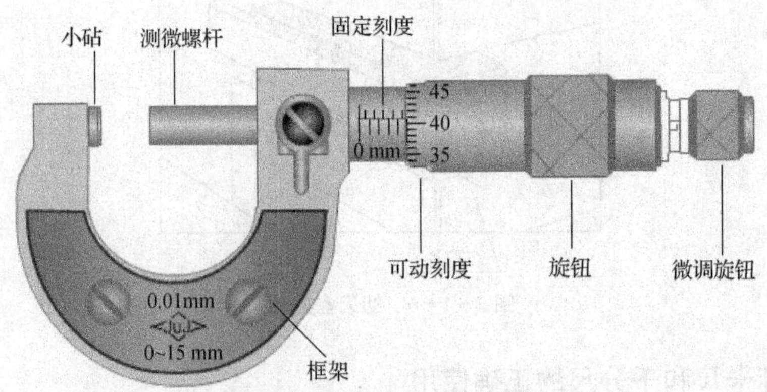

图 2-1-8 外径千分尺

(1) 千分尺的工作原理

千分尺测微螺杆的螺距为 0.5 mm，固定套筒上刻线距离，每格为 0.5 mm(分上下刻线)，当微分筒转一周时，测微螺杆就移动 0.5 mm，微分筒上的圆周上共刻有 50 格，因此当微分筒转一格时(1/50 转)，测微螺杆移动 0.5/50 = 0.01 mm，所以常用千分尺的测量精度为 0.01 mm。

(2) 千分尺的读数方法

① 先读出固定套管上露出刻线的整毫米数和半毫米数；

② 看准微分筒上哪一格与固定套管基准线对齐；

③ 将两个数加起来，即为被测工件的尺寸。

三、车削外圆、阶台和端面、车外沟槽和切断

1. 外圆车削的方法

为保证加工精度，要体现粗、精分的原则；粗车的主要目的是要尽快地去除毛坯上的加工余量，粗车的加工精度降为次要；精车加工余量小，主要目的是全面达到工件的尺寸精度和表面粗糙度要求；因此，在粗车和精车两种状态下，其刀具几何参数和切削用量都有所不同。

车外圆的要点如下：

(1) 根据粗、精车削选择合适的切削用量；

(2) 用“试切削”的方法控制背吃刀量；

(3) 精车前用千分尺准确测量工件尺寸，以便控制精车时的背吃刀量；

(4) 在进退中滑板刻度盘手柄时，要注意消除中滑板丝杠间隙；

(5) 不要看错刻度盘格数，注意背吃刀量是工件直径余量的一半。

2. 车削端面的方法

常用 45°弯头刀车刀和偏刀来车端面，如图 2-1-9 所示。

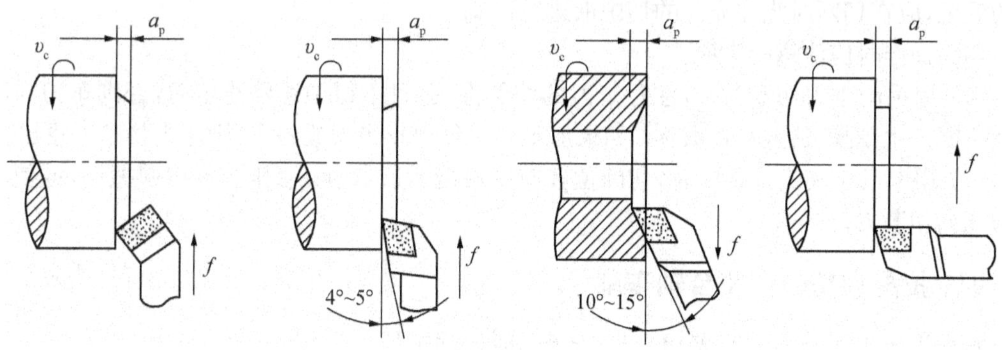

图 2-1-9 45°弯头刀车刀和偏刀车端面

对于既车外圆又车端面的场合，常使用弯头车刀和偏刀来车削端面。弯头车刀是用主切削刃担任切削，适用于车削较大的端面。偏刀从外向里车削端面，是用车外圆时的副切削刃担任切削，副切削刃的前角较小，切削不够轻快，如果从里向外车削端面，便没有这个缺点，不过工件必须有孔才行。车削端面时应注意的要点如下：

(1) 车刀的刀尖应对准工件中心，以免车出的端面中心留有凸台。

(2) 偏刀车端面，当背吃刀量较大时，容易扎刀。背吃刀量 a_p，粗车时 $a_p=0.2\sim1$ mm，精车时 $a_p=0.05\sim0.2$ mm。

(3) 端面的直径从外到中心是变化的，切削速度也在改变，在计算切削速度时必须按端面的最大直径计算。

(4) 车直径较大的端面，若出现凹心或凸肚时，应检查车刀和方刀架，以及大拖板是否锁紧。

3. 车削外沟槽和切断的方法

如图 2-1-10 所示，切断与车外沟槽一般都采用正车法方法，即主轴正转，横向走刀进行车削。横向走刀可以手动也可以机动。

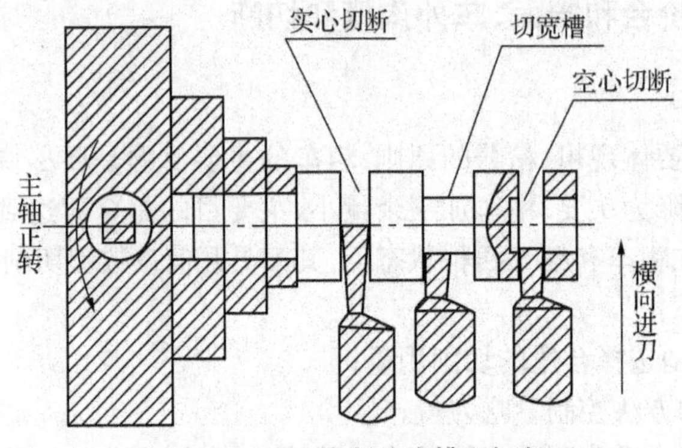

图 2-1-10　车削外沟槽和切断

切槽的方法：车削宽度不大的沟槽，可以用主刀刃宽度等于槽宽的车刀一次直进车出。对较宽的沟槽，用切槽刀分几次吃刀，先把柄的大部余量车去，在槽的两侧和底部留有精车余量。最后根据槽的形状将车刀的主刀刃及后面磨成需要的形状进行车削。

切断时，由于切断刀伸入槽内，周围被工件和切屑包围，散热条件较差。为了降低切削区域的温度，应在切断时浇注充分的切削液进行冷却。

切断操作时应注意的事项：

(1) 用手动进刀切断时，应注意走刀的均匀性，并且不得中途停止走刀，否则车刀与已加工面不断产生摩擦，造成迅速磨损。如果加工中必须停止走刀或停车，则应先将车刀退出。

(2) 用卡盘装夹工件切断时，切断位置应尽可能靠近卡盘。否则容易引起振动，或使工件抬起压断切断刀。

四、技能训练——阶台轴车削

本次训练工件为如下图 2-1-11 所示的阶台轴工件。

1. 零件工艺分析

形状分析：本工件为一短阶台轴，采用三爪自定心卡盘安装工件；

精度分析：本工件直径尺寸精度要求较高、其余要求一般，无特殊技术要求。

工艺分析：

(1) 根据工件形状和毛坯特点，采用三爪自定心卡盘装夹棒料，加工后切下工件。

(2) 根据工件直径精度要求，采用粗精分开的原则，精车余量为 1 mm。

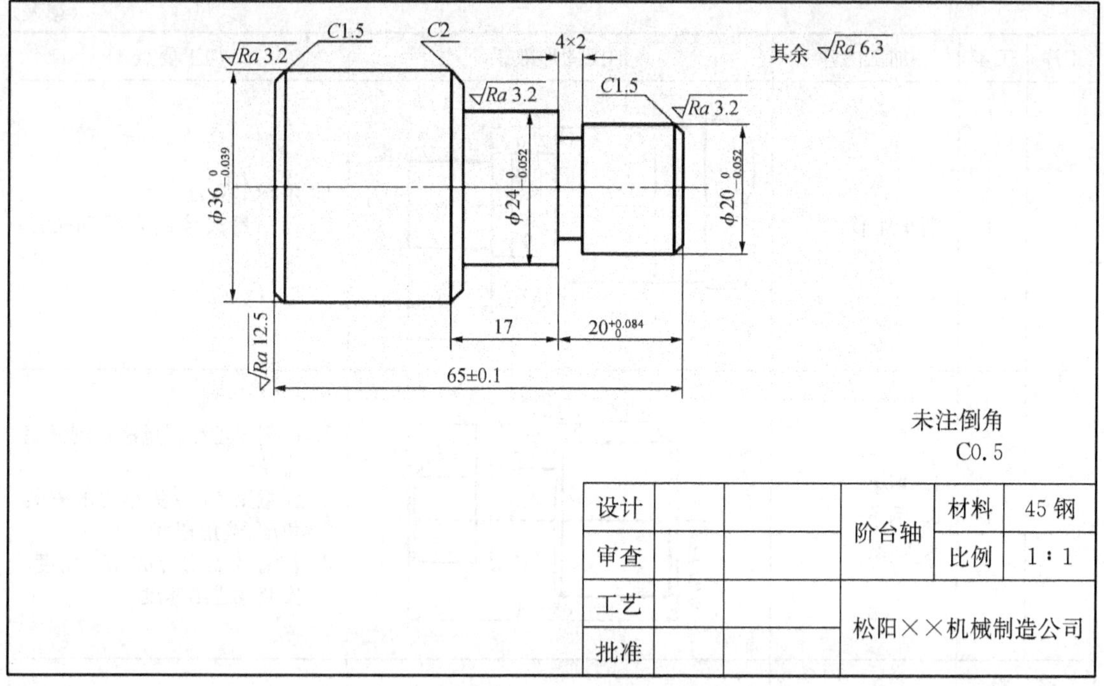

图 2-1-11　阶台轴零件图

2. 工量具清单(见表 2-1-1)

表 2-1-1　工量具准备清单

类型	名称、规格	备注
工夹具	三爪自定心卡盘	
量具	游标卡尺 0～150 mm;钢直尺 150 mm;千分尺 0～25 mm,25～50 mm	
刀具	45°车刀 YT5;外圆粗车刀 YT15;外圆精车刀 YT15;高速钢 4 mm 切断刀片	配切刀盒

3. 工艺步骤

加工工艺过程见表 2-1-2。

表 2-1-2　阶台轴车削工艺过程

工序	工步	加工内容	加工图形效果	加工要点
车	1	用三爪自定心卡盘装夹工件		工件伸出长度 80 mm
	2	粗车外形	φ37±0.2　φ25±0.2　φ21±0.2　17　19.8　70	1. 用 45°弯头车刀车平端面 2. 用粗车偏刀,试切法控制直径尺寸 3. 用刻线法控制长度尺寸

（续表）

工序	工步	加工内容	加工图形效果	加工要点
车	3	精车外形	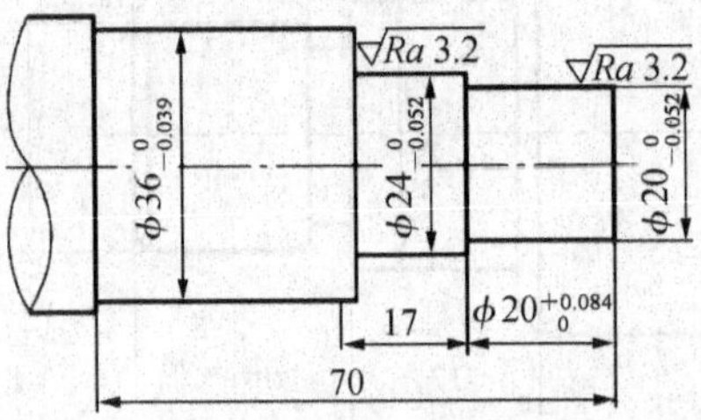 $\sqrt{Ra\ 3.2}$　$\sqrt{Ra\ 3.2}$　$\phi 36_{-0.039}^{0}$　$\phi 24_{-0.052}^{0}$　$\phi 20_{-0.052}^{0}$　17　$\phi 20_{0}^{+0.084}$　70	1. 用精车偏刀 2. 用测量法控制直径和长度尺寸
	4	1. 切槽 2. 倒角 3. 切断	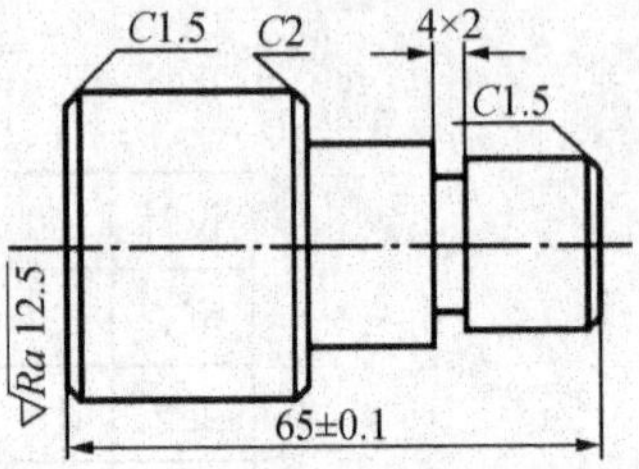 C1.5　C2　4×2　C1.5　$\sqrt{Ra\ 12.5}$　65±0.1	1. 用刻度盘和测量法控制槽底直径 2. 注意用45°弯头车刀的安装角度、倒角宽度 3. 注意控制切刀的几何角度、安装及进给速度
检　验				

4. 评分标准及记录表（见表 2－1－3）

表 2－1－3　评分标准及记录表

尺寸类型及权重	尺寸	配分	学生自评		学生互评		教师评分	
			检测	得分	检测	得分	检测	得分
直径尺寸 30	$\phi 36_{-0.039}^{0}$	12						
	$\phi 24_{-0.052}^{0}$	9						
	$\phi 20_{-0.052}^{0}$	9						
长度尺寸 24	$20_{0}^{+0.064}$	10						
	17	7						
	65±0.1	7						
倒角 6	C1.2(2 处)	4						
	C2	2						
切槽 5	4×2	5						
切断 5	切断	5						
表面粗糙度 20	*Ra* 3.2(3 处)	12						
	其余 *Ra* 6.3	6						
	Ra 12.5	2						

（续表）

尺寸类型及权重	尺寸	配分	学生自评		学生互评		教师评分	
			检测	得分	检测	得分	检测	得分
安全纪律 10	安全	5						
	纪律	5						
100								

注：每个精度项目检测超差不得分。

任务 2.2　多阶台轴的车削

一、用一夹一顶装夹工件

1. 一夹一顶安装方法

车削加工前，必须将工件放在机床夹具中定位和夹紧，使工件在整个切削过程中始终保持正确的安装位置。由于轴类工件形状、大小的差异和加工精度及数量的不同，应分别采用不同的装夹方法（本节只介绍最为常用的一夹一顶装夹工件）。

对于一般较短的回转体类工件，较适用于用三爪自定心卡盘装夹，但对于较长的回转体类工件，用此方法则刚性较差。因此，对一般较长的工件，尤其是较重的工件，不能直接用三爪自定心卡盘装夹，而需用一端用卡盘夹住，另一端用后顶尖顶住的装夹方法，如图 2-2-1 所示。这种装夹方法称为一夹一顶装夹。

采用一夹一顶装夹工件，其特点是装夹刚性好，能承受较大的轴向切削力，安全可靠。

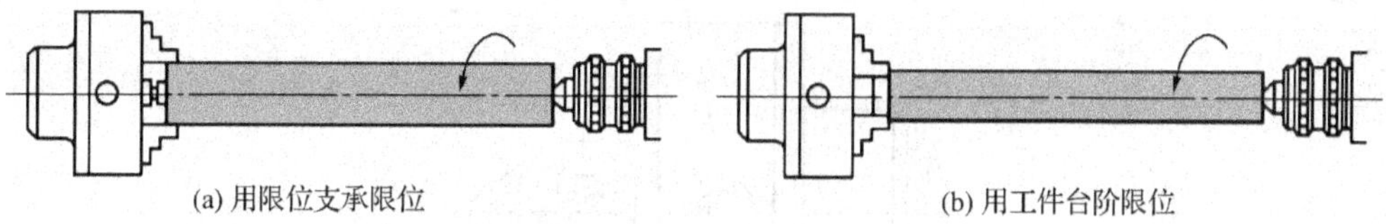

(a) 用限位支承限位　　(b) 用工件台阶限位

图 2-2-1　一夹一顶车轴类工件

2. 一夹一顶车轴类工件时的工艺要求

一夹一顶车削轴类工件时，为了保证零件的技术要求、保护机床、保护工具，应注意以下几点：

(1) 工件端面必须钻中心孔。

(2) 为了防止工件由于切削力的作用而产生轴向位移，必须在卡盘内装一限位支承（见图 2-2-2(a)），或利用工件的阶台作限位（见图 2-2-2(b)）。

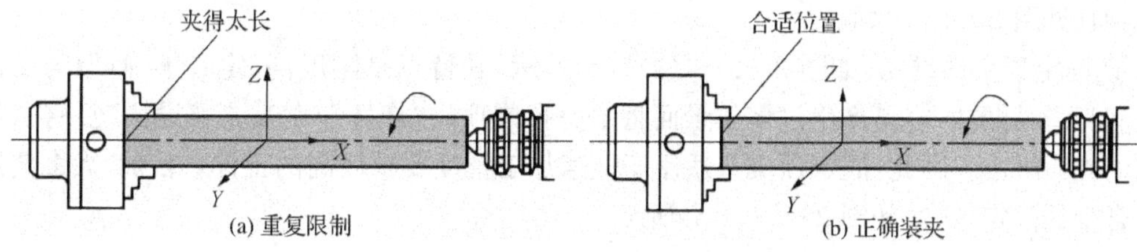

(a) 重复限制　　(b) 正确装夹

图 2-2-2　一夹一顶安装工件

(3) 卡盘夹持部分不宜过长。

一夹一顶安装轴类零件，若卡盘夹持工件的部分过长(见图 2-2-2(a))，卡爪与后顶尖一起将重复限制工件绕 Z 轴和 Y 轴的转动自由度，因此，当卡爪夹紧工件后，后顶尖往往顶不到中心处。如果强行顶入，工件会产生弯曲变形，加工时，后顶尖及尾座套筒容易摇晃。加工后，中心孔与外圆不同轴。当后顶尖的支承力卸去后，工件会产生弹性恢复而弯曲。因此，用一夹一顶安装工件时，卡盘夹持部分应短些。

(4) 车床尾座的轴线必须与车床主轴的旋转轴线重合。一夹一顶安装轴类零件，若车床尾座的轴线与车床主轴的旋转轴线不重合，车削外圆后，用千分尺检测会发现，加工的外圆一端大一端小，是一个圆锥体，产生锥度。前端小后端大，称为顺锥，反，称为倒锥。

(5) 车床尾座套筒伸出长度不宜过长，在不影响车刀进刀的前提下，应尽量伸出短些，以增加工艺系统的刚性。

二、顶尖和中心孔的使用

1. 顶尖的类型

顶尖是用来确定中心，承受工件重力和切削力。根据顶尖在车床上装夹位置的不同，可分为前顶尖和后顶尖。

(1) 前顶尖

前顶尖装在主轴锥孔内随工件一起转动，与中心孔无相对运动，不产生摩擦，故无须淬火。前顶尖有两种：一种是直接安装在车床主轴锥孔中；另一种是用三爪自定心卡盘夹住一自制的有 60°锥角的钢制前顶尖(见图 2-2-3)。这种顶尖卸下后再次使用时必须将锥面再车一刀，以保证顶尖锯面的轴线与车床主轴旋转中心同轴。

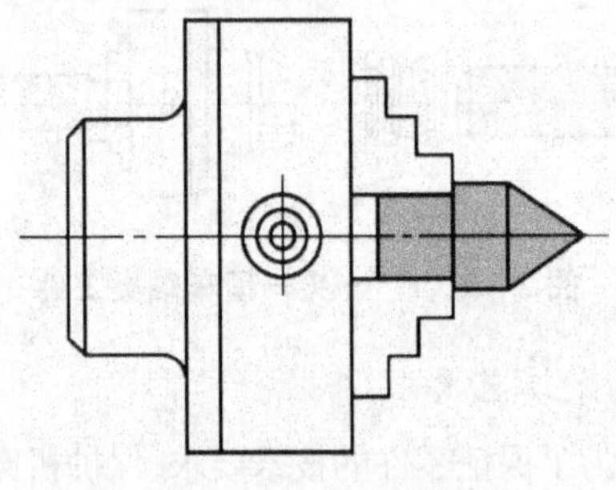

图 2-2-3 前顶尖

(2) 后顶尖

后顶尖装在尾架套筒内，分固定式顶尖(又称死顶尖)(见图 2-2-4)和回转式顶尖(又称活顶尖)(见图 2-2-5)两种。

① 固定顶尖的结构，如图 2-2-4(a)、(b)所示，其特点是刚度高，定心准确；但与工件中心孔间为滑动摩擦，容易产生过多热量而将中心孔或顶尖“烧坏”，尤其是普通固定顶尖，如图 2-2-4(b)所示。因此，固定顶尖只适用于低速加工精度要求较高的工件。目前，大多使用镶硬质合金的固定顶尖，如图 2-2-4(a)所示。

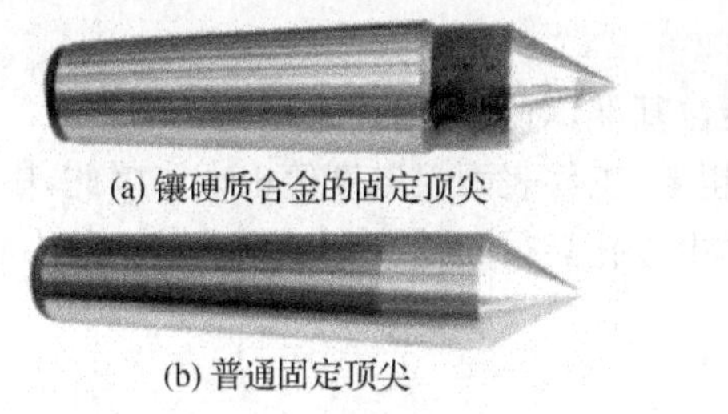

(a) 镶硬质合金的固定顶尖

(b) 普通固定顶尖

图 2-2-4　固定顶尖

图 2-2-5　回转顶尖

② 回转顶尖，如上图所示。这种顶尖将顶尖与工件中心孔之间滑动摩擦改成顶尖内部轴承的滚动摩擦，能在很高的转速下正常工作，克服了固定顶尖的缺点，应用较为广泛。但是，由于回转顶尖存在一定的装配累积误差，且滚动轴承磨损后会使顶尖产生径向圆跳动，从而降低了定心精度。

2. 中心孔的类型

一夹一顶车削轴类工件时，用后顶尖安装支顶工件，必须在工件端面上先钻出中心孔。

中心孔的种类及用途：

国家标准 GB/T 145—2001 规定，中心孔有 A 型（不带护锥）、B 型（带护锥）、C 型（带螺孔）和 R 型（弧形）4 种，部分型号如图 2-2-6 所示。

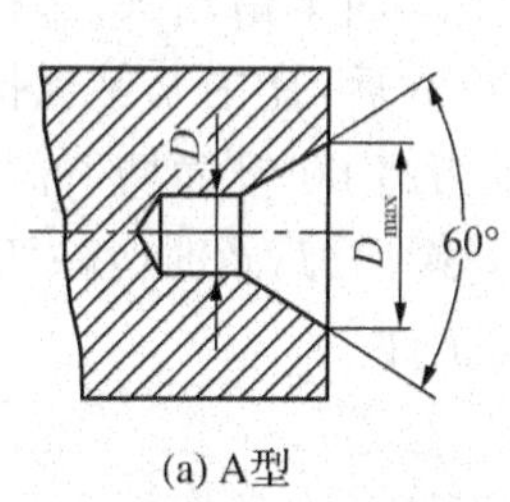

(a) A型

D
D max
60° 120°

(b) B型

图 2-2-6　A 型和 B 型中心孔

(1) A 型中心孔由圆柱孔和圆锥孔两部分组成，圆锥孔的圆锥角一般是 60°（重型工件用 90°）。它与顶尖配合，用来承受Ⅰ件质量、切削力和定中心，圆柱孔用来储存润滑油和保证顶尖的锥面和中心孔的圆锥面配合紧密，不使顶尖端与中心孔底部相碰，保证定位正确。精度要求不高，不需要保留中心孔的轴类工件车削，一般采用 A 型中心孔。

(2) B 型中心孔是在 A 型中心孔的基础上，端部另加上 120°的圆锥孔，用以保护 60°锥面不致碰毛，并使端面容易加工。B 型中心孔适用于精度要求较高、工序较多、需要保留中心孔的轴类零件精加工。

(3) *C 型中心孔是在 R 型中心孔的 60°锥孔后加一短圆柱孔（保证攻制螺纹时不致碰毛 60°锥孔），后面有一内螺纹。当需要把其他工件轴向固定在轴上时，可采用 C 型中心孔。

(4) *R 型中心孔的形状与 A 型中心孔相似，只是将 A 型中心孔的 60°圆锥改成圆弧面。这样与顶尖锥面的配合变成线接触，在装夹轴类工件时，能自动纠正少量的位置偏差。轻型和高精度轴上采用 R 型中心孔。

中心孔的尺寸按 GB/T 145—2001 规定。中心孔的尺寸以圆柱孔直径 d 的基本尺寸为标准，中心孔的大小，即圆柱孔直径 d 的基本尺寸。

中心孔是轴类工件精加工（如精车、磨削）的定位基准，对工件的加工质量影响很大。中心孔圆度差，则加工出的工件圆度也差；中心孔锥面粗糙，工件表面粗糙度值也大。因此，中心孔必须圆整，锥孔表面粗糙度值小，角度正确，两端的中心孔必须同轴。对于要求较高的中心孔，还需经过精车修整或研磨。

3. 中心钻的使用方法

中心孔一般是用中心钻直接钻出。常用的中心钻用高速钢制造，如图 2-2-7 所示。直径 ϕ6.3 mm 以下的中心孔，通常用整体式中心钻直接钻出。直径较大的中心孔，通常用相应的钻头、圆锥形锪钻配合加工而成。中心钻可用钻夹头夹持，然后直接或用锥形套过渡插入车床尾座套筒的锥孔中。

(a) A型中心钻　　(b) B型中心钻

图 2-2-7　中心钻

(1) 钻中心孔的方法

常用的钻中心孔的方法：在车床上钻中心孔。

把工件夹在卡盘上并找正，工件尽可能伸出短些；车平端面不留凸头；选择较高的工件转速，然后缓慢均匀地摇动尾座手轮，钻出中心孔。待钻到尺寸后，让中心钻保持原位置不动数秒，使中心孔圆整后再退出；或轻轻进给，使中心钻的切削刃将 60°锥面切下薄薄一层切屑，以减小中心孔的表面粗糙度值。钻中心孔的过程中还应注意勤退刀，及时清除切屑，并进行充分的冷却润滑。此种方法适用于直径较小、质量较轻的轴类工件。

(2) 中心钻折断的原因及预防

钻中心孔时，由于中心钻切削部分的直径较小，承受不了过大的切削力，稍不注意就容易折断。导致中心钻折断的原因有：

① 中心钻轴线与工件旋转轴线不一致，使中心钻受到一个附加力的影响而弯曲折断。通常是由车床尾座偏位，装夹中心钻的钻夹头锥柄弯曲及与尾座套筒锥孔配合不准确而引起偏位等原因造成。因此，钻中心孔前必须严格找正中心钻的位置。

② 工件端面不平整或中心处留有凸头，使中心钻不能准确地定心而折断。所以工件端面必须车平。

③ 切削用量选择不当，如工件转速太低，而中心钻进给太快，会使中心钻折断。

④ 中心钻磨钝后，强行钻入工件，会使中心钻折断，因此，中心钻磨损后应及时修磨或调换。

⑤ 没有浇注充分的切削液或没有及时清除切屑，导致切屑堵塞在中心孔内而挤断中心钻。

钻中心孔操作虽然较简单，但如果不注意会使中心钻折断，而且，还会给工件加工带来困难。因此，必须熟练地掌握钻中心孔的方法。如果中心钻折断，必须将折断部分从中心孔中取出，并将中心孔修整后才能继续加工。

三、技能训练——一般轴的车削

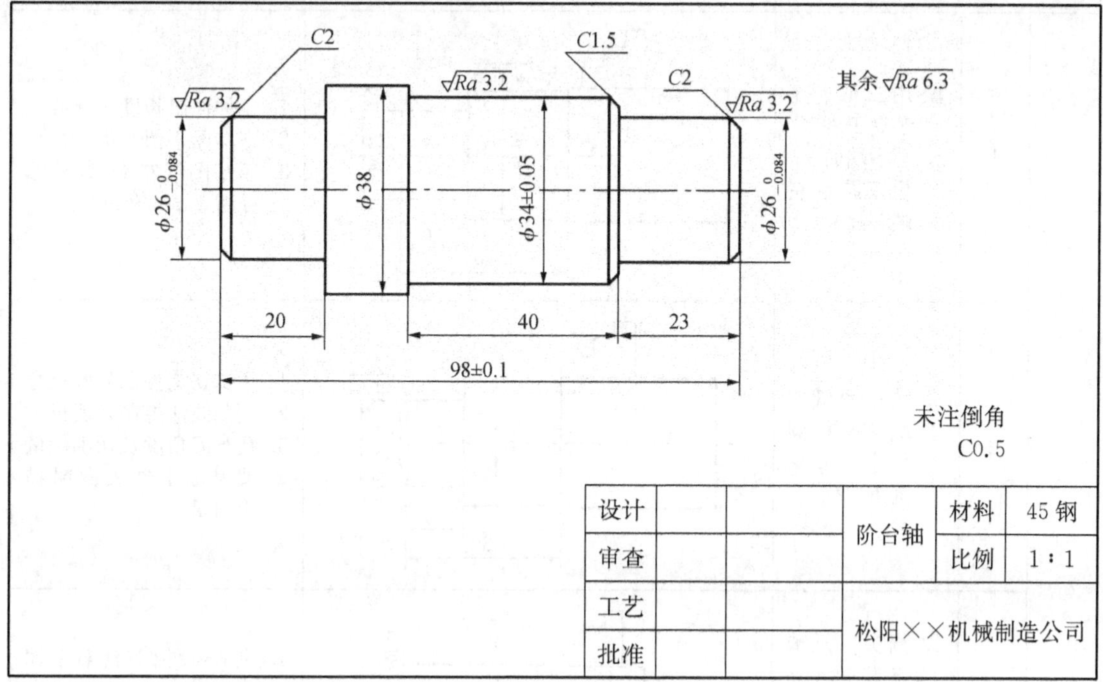

图 2-2-8 多阶台轴

本次训练工件如上图所示的一般轴的车削，毛坯为 φ40×100 的 45 钢棒料。

1. 零件工艺分析

形状分析：本工件为一般阶台轴，因工件较长，故采用一夹一顶装夹工件；

精度分析：本工件直径尺寸精度要求较高、其余要求不太高，无特殊技术要求。

工艺分析：

(1) 根据工件形状和毛坯较长的特点，采用一夹一顶装夹工件，加工好一端后调头加工另一端。

(2) 根据工件直径精度要求，采用粗精分开的原则，精车余量为 1 mm。

2. 工量具准备清单(见表 2-2-1)

表 2-2-1 工量具准备清单

类 型	名称、规格	备 注
工夹具	三爪自定心卡盘、铜皮	
量具	游标卡尺 0～150 mm；钢直尺 150 mm	
刀具	45°车刀 YT5；中心钻 φ3；外圆粗车刀 YT5；外圆精车刀 YT5；4 mm 切刀片	配切刀盒

3. 操作步骤

多阶台轴车削加工工艺过程见表 2-2-2。

表 2-2-2　多阶台轴车削加工工艺

工序	工步	加工内容	加工图形效果	加工要点
车	1	1. 用三爪卡盘装夹工件 2. 车平端面 3. 粗车图纸左端各尺寸	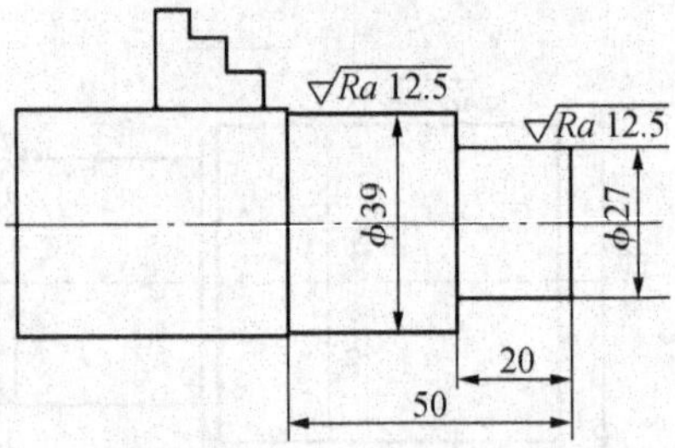	1. 工件伸出长度 55 mm 2. 车端面不留凸头 3. 粗车图纸左端,各外圆处留 1 mm 余量
	2	1. 精车图纸左端各外圆尺寸 2. 倒角 C2	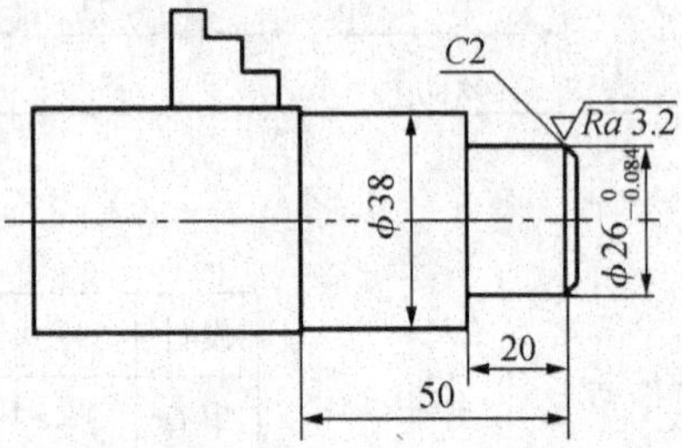	1. 用试切法控制外圆尺寸 2. 用刻线法控制长度尺寸 3. 精车刀角度及切削用量要保证工件表面粗糙度质量
	3	1. 调头三爪卡盘装夹(夹 ϕ38 外圆) 2. 车端面控制总长 3. 钻中心孔	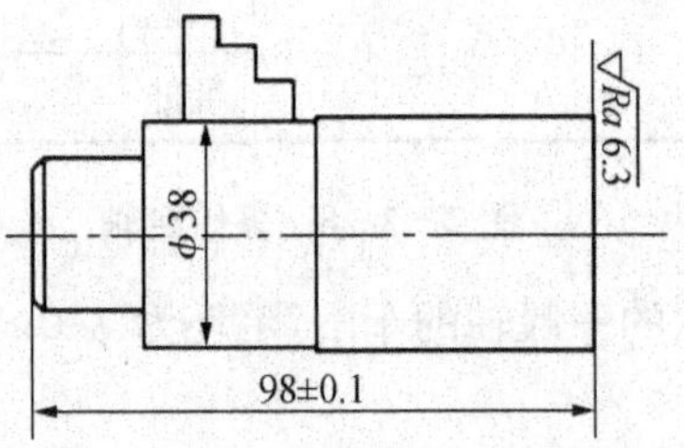	1. 夹 ϕ38 外圆(注意垫铜皮),尽量多夹 2. 通过测量控制总长尺寸 3. 注意用本项目中介绍的方法防止中心钻折断
	4	1. 一夹一顶,夹 ϕ26 外圆,车图纸右端 2. 粗车图纸右端各尺寸	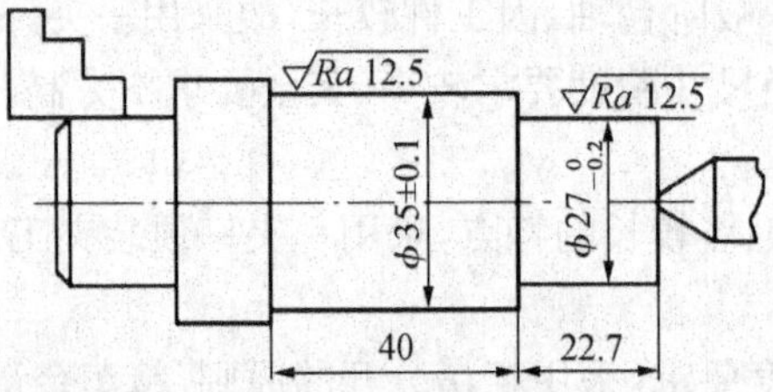	夹 ϕ26 外圆时,要注意垫铜皮校正
	5	1. 精车图纸右端各尺寸至所需要求 2. 倒角	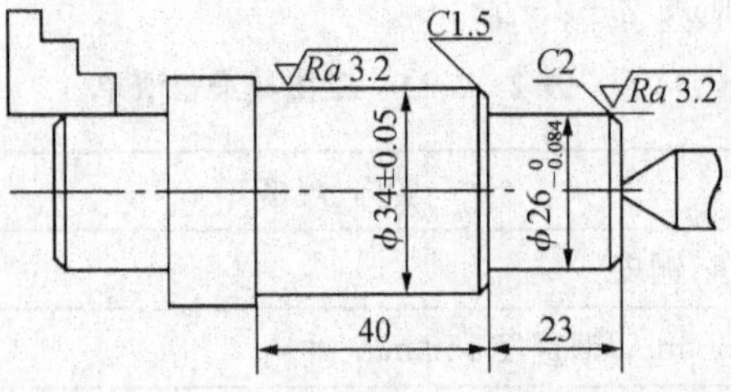	1. 用试切法控制外圆尺寸 2. 用刻线法控制长度尺寸 3. 精车刀角度及切削用量要保证工件表面粗糙度质量
检验				

4. 工件评分标准及记录表(见表 2-2-3)

表 2-2-3　评分标准及记录表

尺寸类型及权重	尺寸	配分	学生自评		学生互评		教师评分	
			检测	得分	检测	得分	检测	得分
直径尺寸 30	两处 $\phi 21_{-0.084}^{0}$	16						
	$\phi 34 \pm 0.05$	8						
	$\phi 38$	6						
长度尺寸 25	98 ± 0.1	10						
	20	5						
	40	5						
	23	5						
倒角 10	*C*1.5	4						
	*C*2(2 处)	6						
表面粗糙度 15	*Ra* 3.2(3 处)	10						
	其余 *Ra* 6.3	5						
安全纪律 20	安全	10						
	纪律	10						
合计		100						

注:每个精度项目检测超差不得分。

任务 2.3　典型简单轴类工件训练

车轴类工件时,如果轴的毛坯余量较大又不均匀,或精度要求较高,应将粗加工与精加工分开进行。另外,根据工件的形状特点、技术要求、数量的多少和工件的安装方法,轴类工件的车削步骤应考虑以下几个方面:

(1) 车短小的工件时,一般先车端面,这样便于确定长度方向的尺寸。车铸件时,最好先倒角再车削,刀尖就不会遇到外皮和型砂,避免损坏车刀。

(2) 当工件车削后还需磨削时,这时只需粗车和半精车,但要注意留磨削余量。

(3) 车削阶台轴时,应先车削直径较大的一端,以避免过早地降低工件刚性。

(4) 在轴上车槽,一般安排在粗车和半精车之后、精车之前。如果工件刚性好或精度要求不高,也可在精车以后再车槽。

(5) 车螺纹一般可以在半精车之后车削,螺纹车好以后再精车各级外圆,避免车螺纹时轴弯曲。如果工件精度要求不高,螺纹可以放在最后车削。

本项目典型车削训练工件如图 2-3-1 所示,毛坯采用 $\phi 32 \times 98$ 的 45 钢棒料(也可采用上面出现的训练图作为本次训练毛坯)。同学们根据本项目所学的知识技能,自行对工件进行工艺分析,制订加工工艺路线,分组完成本次训练任务。

一、填写零件工艺分析

形状分析:
精度分析:
工艺分析:
车削工艺顺序:

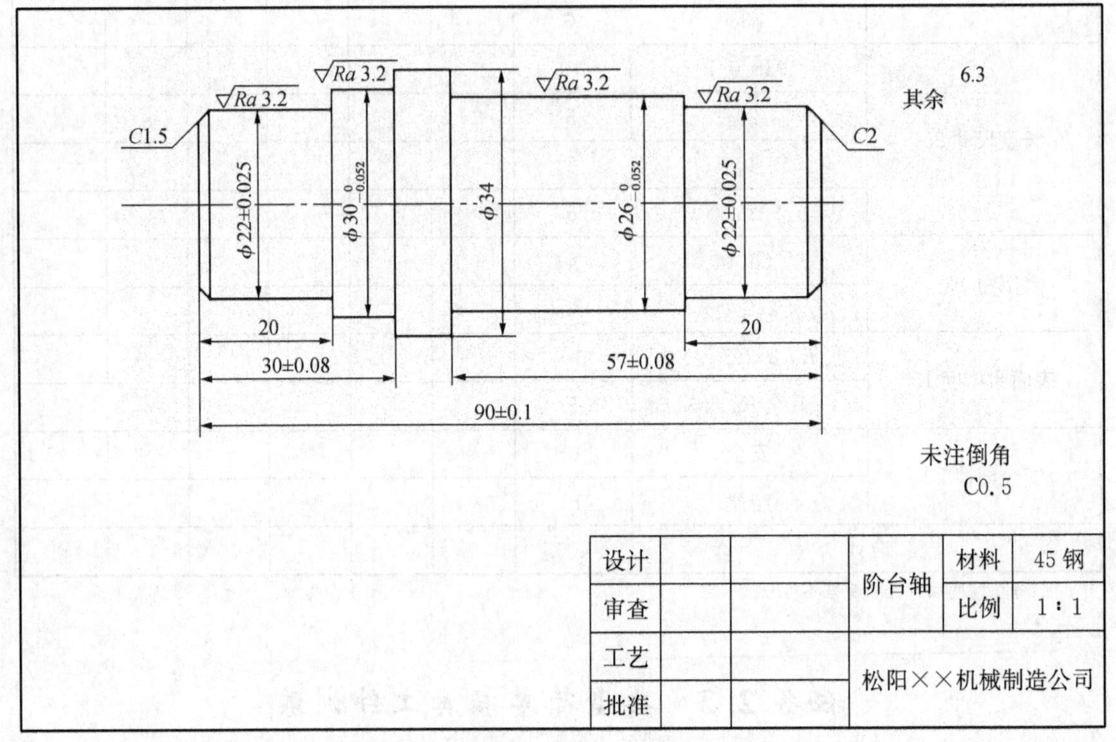

图 2-3-1　典型简单阶台轴零件工作图

二、填写工量具清单(见表 2-3-1)

表 2-3-1　工量具清单

类　型	名称、规格	备　注
夹具		
量具		
刀具		

三、评分标准及记录表(表 2-3-2)

表 2-3-2　评分标准及记录表

尺寸类型及权重	尺寸	配分	学生自评		学生互评		教师评分	
			检测	得分	检测	得分	检测	得分
直径尺寸 30	两处 $\phi22\pm0.025$	16						
	$\phi30_{-0.052}^{0}$	8						
	$\phi26_{-0.052}^{0}$	8						
	$\phi34$	4						
长度尺寸 26	20(2 处)	10						
	30 ± 0.08	6						
	57 ± 0.08	6						
	95 ± 0.1	4						
倒角 4	C1.5,C2(2 处)	4						
表面粗糙度 18	*Ra* 3.2(4 处)	12						
	其余 *Ra* 6.3	6						
安全纪律 20	安全	10						
	纪律	10						
合计		100						

注:每个精度项目检测超差不得分。

四、注意事项

(1) 夹持工件必须牢固可靠。

(2) 车端面时车刀刀尖一定要对准工件中心。

(3) 车阶台时,阶台面和外圆相交处一定要清角,不允许出现凹坑和凸台。

(4) 钻中心孔时要复习一下中心钻折断的原因,防止中心钻折断。

(5) 精车阶台时,为保证阶台面和工件轴线垂直,装夹 90°车刀应使主偏角大于 90°。当阶台长度车至尺寸后,应手动进给由中心向外缘方向退出,以保证阶台外圆和轴线垂直。

任务 2.4　轴类工件质量分析

车削轴类工件时,可能产生废品的种类、原因及预防措施见表 2-4-1。

表 2-4-1　车削轴类工件时产生废品的原因及预防措施

废品种类	产生原因	预防措施
工件表面留有黑皮	加工余量不足	检查坯料要有足够的加工余量
	工件弯曲变形未校直	校直工件
	中心孔打偏	防止中心孔打偏，校正工件中心
尺寸精度达不到要求	看错图样或刻度盘使用不当	认真看清图样尺寸要求，正确使用刻度盘，看清刻度值
	没有进行试切削	根据加工余量算出背吃刀量，进行试切削，然后修正背吃刀量
	测量不正确或量具有误差	正确使用量具，使用量具前，必须检查和调整零位
	由于切削热的影响，使工件尺寸发生变化	不能在工件温度较高时测量，如测量应掌握工件的收缩情况，或浇注切削液，降低工件温度
	尺寸计算错误、槽深度不正确	仔细计算工件的各部分尺寸，对留有磨削余量的工件，车槽时应考虑磨削余量
	机动进给没及时关闭，使车刀进给长度超过阶台长度	注意及时关闭机动进给或提前关闭机动进给，手动进给到长度尺寸
	车槽时，车槽刀主切削刃太宽或太窄，使槽宽不正确	根据切槽宽度，刃磨车槽刀主切削刃的宽度
圆柱度超差	用一夹一顶或两顶尖装夹工件时，后顶尖轴线与主轴轴线不同轴	车削前，找正后顶尖，使之与主轴轴线同轴
	用卡盘装夹工件纵向进给车削时，产生锥度是由于车床床身导轨跟主轴轴线不平行	调整车床主轴与床身导轨的平行度
	用小滑板车外圆时，圆柱度超差是由于小滑板的位置不正，即小滑板刻线与中滑板的刻线没有对准“0”线	必须先检查小滑板的刻线是否与中滑板刻线的“0”线对准
	工件装夹时悬伸较长，车削时因切削力影响使前端让开，造成圆柱度超差	尽量减少工件的伸出长度，或另一端用顶尖支撑，增加装夹刚性
	车刀中途逐渐磨损	选择合适的刀具材料或适当降低切削速度
圆度超差	车床主轴间隙太大	车削前，检查主轴间隙，并调整合适。如因轴承磨损太多，则需更换轴承
	毛坯余量不均匀，切削过程中背吃刀量发生变化	分粗、精车
	用两顶尖装夹工件时，中心孔接触不良，前后顶尖顶得不紧，前后顶尖产生径向圆跳动等	用两顶尖装夹工件时，必须松紧适当。若回转顶尖产生径向圆跳动，需及时修理或更换
表面粗糙度达不到要求	车床刚性不足，如滑板塞铁太松，传动零件（如带轮）不平衡或主轴太松引起振动	消除或防止由于车床刚性不足而引起的振动（如调整车床各部件的间隙）
	车刀刚性不足或伸出部分太长而引起振动	增加车刀刚性和正确装夹车刀

（续表）

废品种类	产生原因	预防措施
表面粗糙度达不到要求	工件刚性不足引起振动	增加工件的装夹刚性
	车刀几何参数不合理，如选用过小的前角、后角和主偏角	合理选择车刀角度（如适当增大前角，选择合理的前角、后角和主偏角）
	切削用量选用不当	进给量不宜太大，精车余量和切削速度应选择恰当

项目三　套类零件车削

知识目标

- 掌握套类零件的结构特点及其作用；
- 学会分享套类零件的技术要求；
- 掌握套类零件加工中如何保证加工质量。

技能目标

- 能基本掌握一般套类零件的图样分析；
- 能独立地对一般套类零件进行加工。

任务 3.1　套类零件的认识

一、套类零件

图 3-1-1　套类零件

套类零件是车削加工的重要内容，其主要作用是支承、导向、连接以及与轴组成配合等。一般有轴承座、轴套等零件，齿轮、带轮等轮盘类零件都是套类零件(见图 3-1-1 所示)。套类工件主要由有圆跳动、同轴度、垂直度等要求的内、外回转表面以及端面、阶台、沟槽等部分组成。

二、典型简单套类零件工作图

典型轴套的工作图如图 3-1-2 所示。本任务为常见的轴套零件，同学们需要正确选用工夹具，正确选用麻花钻、内孔车刀等刀具，正确使用游标卡尺测量工件内孔尺寸，用百分表测量工件位置精度，熟悉加工套类零件的工艺过程，保证工件各方面精度要求，完成工件的车削加工。

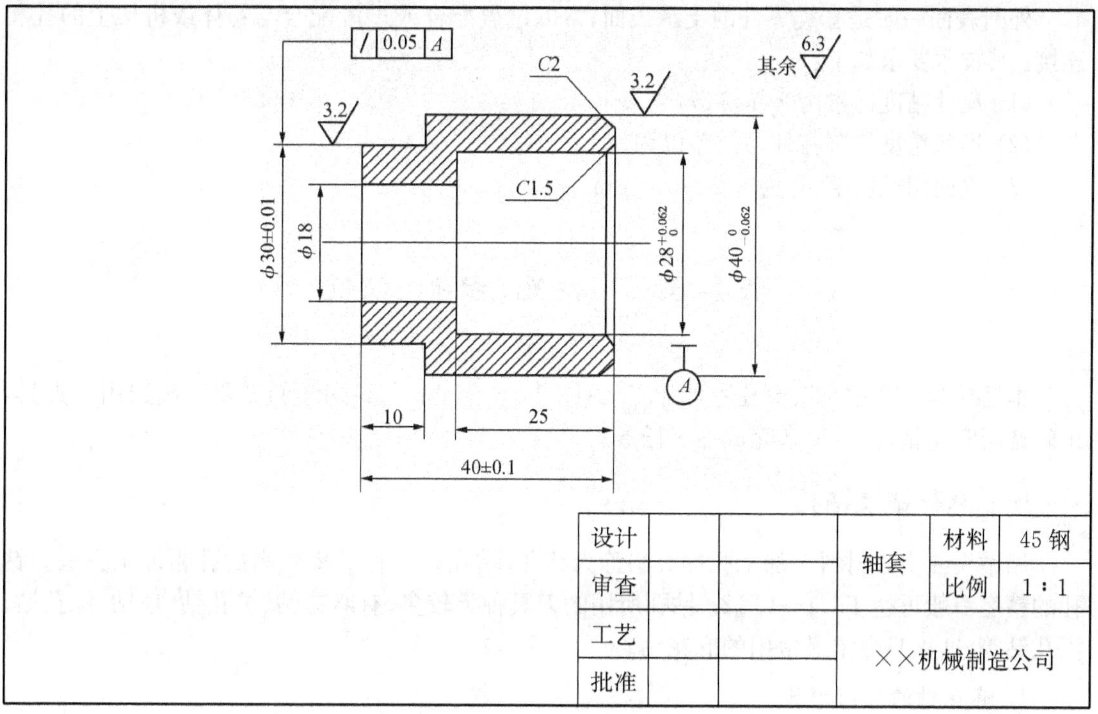

设计			轴套	材料	45 钢
审查				比例	1∶1
工艺			××机械制造公司		
批准					

图 3-1-2　典型轴套零件图

三、套类零件的结构特点

(1) 从其结构形状来看，大体可分为短套筒和长套筒两大类。其轴向长度一般大于直径。

(2) 零件的主要加工面为同轴度要求较高的内外圆柱表面。

(3) 零件的壁厚较薄，易变形。

四、套类零件的技术要求

套类零件虽然形状结构不一，但仍有共同的特点和技术要求。

1. 内孔的技术要求

(1) 尺寸精度

内孔是套类零件起支承或导向作用的重要表面，它通常与轴、刀具或活塞相配合，其尺寸精度一般为 IT7。

(2) 形状精度

内孔的形状精度一般控制在孔径公差以内。

(3) 位置精度

内、外圆之间有同轴度要求，孔轴线与端面有垂直度要求。

(4) 表面质量

一般要求内孔的表面粗糙度值较高，Ra 为 3.2～0.8 μm。

2. 外圆的技术要求

外圆表面一般是套类零件的支承表面，常以过盈配合或过渡配合与箱体或机架上的孔相连接。其技术要求如下：

(1) 尺寸精度通常为 IT6，IT7；

(2) 形状精度控制在外径公差以内；

(3) 表面粗糙度值 R_a 为 6.3～0.8 μm。

任务 3.2　钻孔、扩孔、铰孔

本任务为一个钻、扩、铰孔零件加工(见图 3-3-1 所示)。同学们需要正确选用工夹具，正确选用麻花钻、扩孔钻来完成加工任务。

一、麻花钻及钻孔

用钻头在实心材料上加工孔的方法称为钻孔，钻孔是一种效率较高的孔粗加工方法。钻孔的精度一般可达 IT11～IT12。钻孔所用的刀具种类较多，有麻花钻、扩孔钻、扁钻、锪孔钻、深孔钻等，这里只介绍最常用的麻花钻。

1. 麻花钻的几何形状

(1) 麻花钻的组成如图 3-2-1、图 3-2-2 所示

图 3-2-1　锥柄麻花钻　　　　图 3-2-2　直柄麻花钻

① 柄部。作为钻头的夹持部分，装夹时起定心作用，切削时起传递扭矩的作用，柄部有锥柄和直柄两种。

② 颈部。颈部是钻头的工作部分与柄部的连接部分。直径较大的钻头在颈部标有钻头直径、材料牌号及商标等。

③ 工作部分是钻头的主要部分，由切削部分和导向部分组成，起切削和导向作用，导向部分还为切削部分提供刃磨储备。

(2) 对麻花钻的刃磨要求

麻花钻刃磨时，一般只刃磨两个主后刀面，但同时要保证顶角、横刃斜角和后角的正确。因此，麻花钻刃磨后必须达到下列两个要求：

① 麻花钻的两条主切削刃应该对称，也就是两条主切削刃跟钻头轴线成相同的角度，并且长度相等。

② 横刃斜角为 55°。

(3) 麻花钻刃磨对钻孔质量的影响

麻花钻顶角不对称，当顶角对称但切削刃长度不等、顶角不对称且切削刃长度又不等时，会出现孔径扩大或孔轴线歪斜等问题，如图 3-2-3 所示。

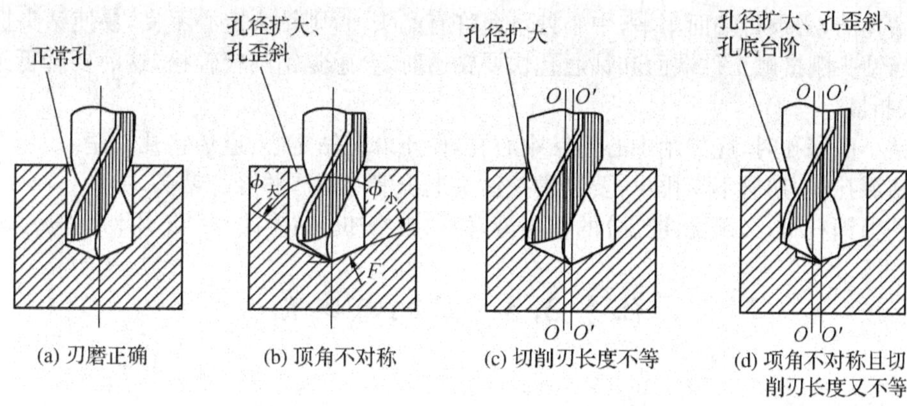

图 3-2-3　钻头刃磨情况对加工的影响

2. 麻花钻的装夹

(1) 直柄麻花钻的装夹

直柄麻花钻(一般直径小于 13 mm)先用钻夹头装夹,然后将钻夹头锥柄插入车床尾座套筒锥孔。

(2) 锥柄麻花钻的装夹

当钻头锥柄的号数与尾座套筒锥孔的号数相同时,可直接把钻柄装入尾座锥孔内。

当两者的号数不相同时,就必须在钻柄处装一个与尾座套筒号数相同的过渡锥套(又称变径套),然后再将过渡锥套装入尾座套筒锥孔内。

3. 钻孔方法

(1) 钻孔时切削用量

① 切削深度a_p:在钻实心孔的状态下,钻孔的切削深度是钻头直径的一半。

② 切削速度v_e:钻孔时的切削速度是指钻头主切削刃外缘处的线速度,对钻孔时的切削热、切削温度和钻头磨损有很大影响。

$$v_e = \frac{\pi D n}{1\,000}$$

式中:v_e——切削速度,m/min;

D——钻头的直径,mm;

n——车床主轴转速,r/min。

用高速钢钻头钻孔,切削速度取中速。钻钢料时取 5～30m/min,钻铸铁时取 10～25 m/min。

③ 进给量 f:在车床上钻孔时,进给量是工件每转 1 周,钻头沿轴向移动的距离。在车床上用手动方式慢慢转动尾座手轮来实现进给运动。进给量太大会使钻头折断。

直径为 12～25 mm 的钻头钻削钢料,进给量选 0.15～0.35 mm/r 为宜;钻铸铁时,进给量可略大些。

(2) 钻孔的注意事项

① 将钻头装入尾座套筒中,检查并调整尾座位置,找正钻头轴线与工件旋转轴线相重合,否则会使钻头折断。

② 钻孔前，必须将端面车平，中心处不允许有凸头，否则钻头定心不良，易使钻头折断。

③ 当钻头刚接触工件端面和钻通孔快要钻透时，会感觉钻削较轻松，这时要降低进给量，以防钻头折断。

④ 钻小而深孔时，应先用中心钻钻中心孔，便于麻花钻定心，避免将孔钻歪。

⑤ 钻深孔时，切屑不易排出，要经常把钻头退出清除切屑并冷却钻头。

⑥ 钻削钢料时，必须浇注充分的切削液，使钻头冷却。钻铸铁时可不用切削液。

任务 3.3　扩孔与铰孔

一、扩孔

用扩孔工具将原工件孔径扩大的加工过程称为扩孔。

扩孔与钻孔相比，生产率高，加工质量好，精度可达 IT9～IT10，表面粗糙度 Ra 为 10～5 μm。

1. 用麻花钻扩孔

实心工件上钻孔时，如果孔径较小，可一次钻出；如果孔径较大，可分两次或多次钻削。

用麻花钻扩孔时，由于钻头横刃不参加切削，轴向切削力小，进给省力，但因钻头外缘处前角较大，容易把钻头拉进去，使钻头在尾座套筒内打滑。因此在扩孔时，应把钻头外缘处的前角修磨得小些，并适当地控制进给量，防止因为钻削轻松而使进给量过快，用麻花钻扩孔只适应单件少量加工。

2. 用扩孔钻扩孔

扩孔钻有高速钢扩孔钻和整体硬质合金扩孔钻两种。

扩孔钻的主要特点是：扩孔钻的齿数较多（一般有 3～4 齿），导向性好，切削平稳；无横刃，切削刃不必自外缘一直到中心，可避免横刃对切削的不利影响；钻心粗，刚性好，可选较大的切削用量。

二、铰孔

铰孔是用铰刀对未淬硬孔进行精加工的一种加工方法。铰刀是尺寸精确的多刃刀具，它具有加工余量小、切削速度低、排屑及润滑性能好等优点。铰刀的刚性比内孔车刀好，因此，更适合加工不便车削的小孔、深孔。铰孔不仅尺寸精确，而且表面粗糙度值又小，其精度可达 IT7～ IT9，表面粗糙度 Ra 可达 3.2～1.6 μm。

1. 铰刀

(1) 铰刀的几何形状

铰刀由工作部分、颈部和柄部组成。

柄部用来夹持和传递扭矩。铰刀有直柄、锥柄和方榫 3 种。工作部分由引导部分、切削部分、修光部分和倒锥组成。

铰刀的齿数一般为 4～8 齿，多采用偶数齿。

(2) 铰刀的种类

按用途分为手用铰刀和机用铰刀。机用铰刀的柄部有直柄和锥柄两种。铰孔时由车床尾座定向，因此机用铰刀工作部分较短。手用铰刀因定心的需要，工作部分较长。

按切削部分材料分有高速钢和硬质合金两种。

2. 铰孔方法

(1) 铰刀尺寸的选择

铰刀的基本尺寸与孔的基本尺寸相同。铰孔的精度主要取决于铰刀的尺寸，因此，铰刀的规格（公差带）要根据孔的公差带来选用。

(2) 铰孔余量

铰孔前，一般先经过车孔或扩孔，并留有一定的铰削余量。余量的大小直接影响到孔的质量。余量太小时，往往不能把前道工序的加工痕迹全部铰去。余量太大时，切屑挤满在铰刀的齿槽中，使切削液不能进入切削区，影响表面粗糙度或使切削刃负荷过大而迅速磨损，甚至崩刃。

铰孔余量是：高速钢铰刀为 0.08～0.12 mm；硬质合金铰刀为 0.15～0.20 mm。

(3) 铰孔的操作

使用机用铰刀在车床上进行机铰时，先把铰刀装夹在尾座套筒中或浮动套筒中（使用浮动套筒可以不找正），把尾座移向工件，用手慢慢转动尾座手轮均匀进给进行铰削。也可在车床上进行手铰，手铰的切削速度低，切削温度也低，不产生积屑瘤，刀具尺寸变化小，所以手铰比机铰质量高，但手铰只适用于单件小批量生产中铰通孔。

铰削时，切削速度越低，表面粗糙度越小，一般最好小于 5 m/min。进给量取大些，一般可取 0.2～1 mm/r。

三、技能训练——钻、扩、铰孔

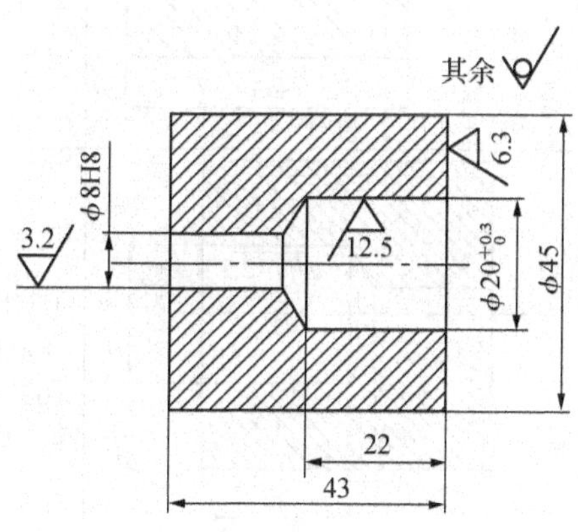

图 3-3-1　阶台孔零件图

如图 3-3-1 所示为一个阶台孔的零件，除 ϕ8H8 小孔外，其余加工部位的精度要求都不高，可以用钻、扩、铰孔方法来完成本工件的加工。

1. 零件工艺分析

形状分析：本工件有一个阶台孔，采用三爪自定心卡盘安装工件。

精度分析：本工件外形不加工，小孔 ϕ8H8 精度要求较高，其余加工部位精度要求低。

工艺分析：

(1) 根据工件形状和毛坯特点，采用三爪自定心卡盘装夹棒料。

(2) 根据工件精度要求，因 ϕ8H8 孔较小，不便用车孔的方法，适宜采用铰孔方法，先钻孔后铰孔。

(3) 大孔采用先钻孔后扩孔的方法进行加工。

2. 工量具准备清单(表 3-3-1)

表 3-3-1 工量准备清单

类 型	名称、规格	备 注
夹具	三爪自定心卡盘	
量具	游标卡尺 0～150 mm;钢直尺 150 mm	
刀具	45°车刀 YT5;中心钻 ϕ2;麻花钻 ϕ7.8、ϕ20;铰刀 ϕ8H8	

3. 工艺步骤(表 3-3-2)

表 3-3-2 工艺步骤

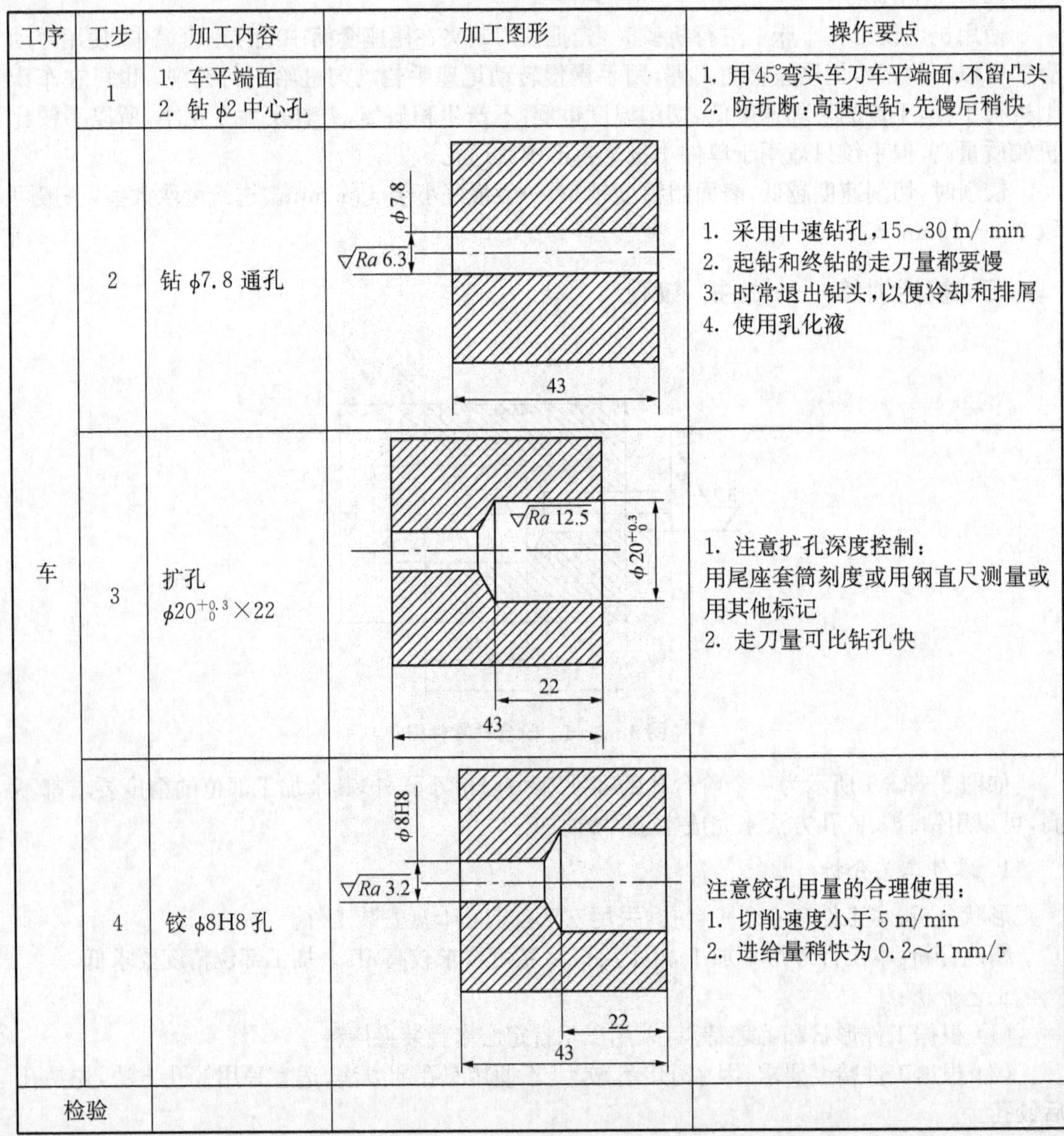

工序	工步	加工内容	加工图形	操作要点
车	1	1. 车平端面 2. 钻 ϕ2 中心孔		1. 用45°弯头车刀车平端面,不留凸头 2. 防折断:高速起钻,先慢后稍快
	2	钻 ϕ7.8 通孔		1. 采用中速钻孔,15～30 m/ min 2. 起钻和终钻的走刀量都要慢 3. 时常退出钻头,以便冷却和排屑 4. 使用乳化液
	3	扩孔 ϕ20$^{+0.3}_{0}$×22		1. 注意扩孔深度控制: 用尾座套筒刻度或用钢直尺测量或用其他标记 2. 走刀量可比钻孔快
	4	铰 ϕ8H8 孔		注意铰孔用量的合理使用: 1. 切削速度小于 5 m/min 2. 进给量稍快为 0.2～1 mm/r
检验				

任务3.4　简单轴套的车削

本任务为简单轴套零件的车削加工(见图 3-4-1 所示)。同学们需要正确选用工夹具，正确选用麻花钻、外圆车刀和内孔车刀来完成加工任务。

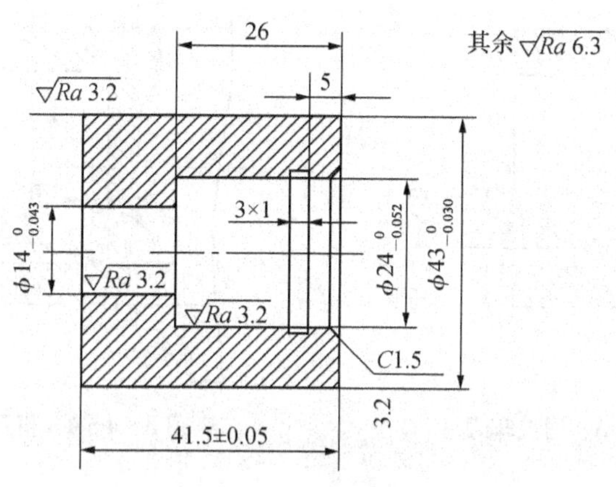

图 3-4-1　简单轴套的车削

一、一次装夹安装套类零件

车削套类零件时，为了保证零件的位置精度，应选择合理的装夹方式及正确的车削方法，主要有一次装夹安装零件、用软卡爪装夹零件和用心轴装夹零件等方法。这里先介绍一次装夹安装零件的方法。

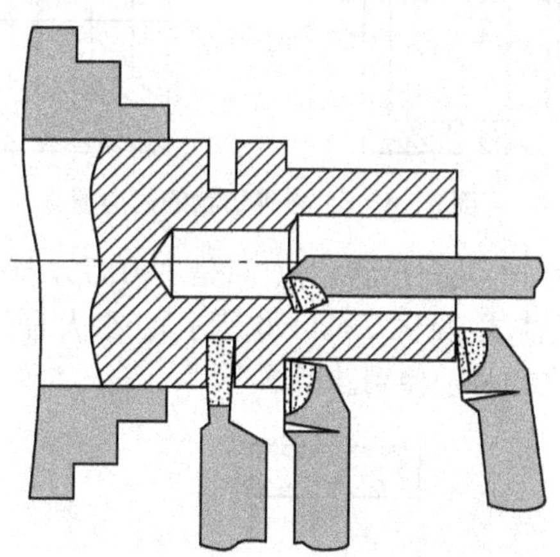

图 3-4-2　一次装夹中完成车削加工

在单件小批量生产中，可以在卡盘上一次装夹就把零件的全部或关键表面加工完毕。这种方法没有定位误差，位置精度靠车床精度来保证，对于精度较高的车床，可获得较高的形位精度。但采用这种方法车削，一次安装中的零件较多，需要经常换刀，尺寸较难掌握，切削用量变换频繁，生产效率较低，适用于单件小批生产，如图 3-4-2 所示。

二、内孔车刀

1. 内孔车刀的种类

根据不同的加工要求，内孔车刀可分为通孔车刀和盲孔车刀两种，还有车削内沟槽和端面沟槽的车刀。

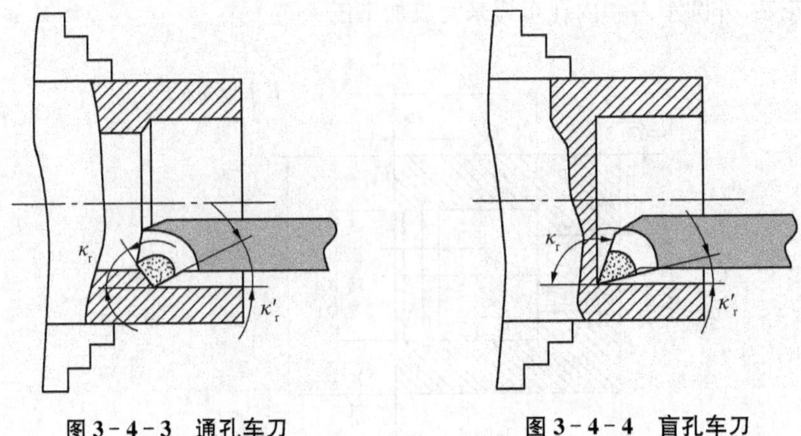

图 3-4-3　通孔车刀　　图 3-4-4　盲孔车刀

2. 内沟槽车刀

内沟槽的截面形状有矩形（直槽）、圆弧形、梯形（见图 3-4-5 所示）等几种，内沟槽在机器零件中起退刀、密封、定位、通气等作用。

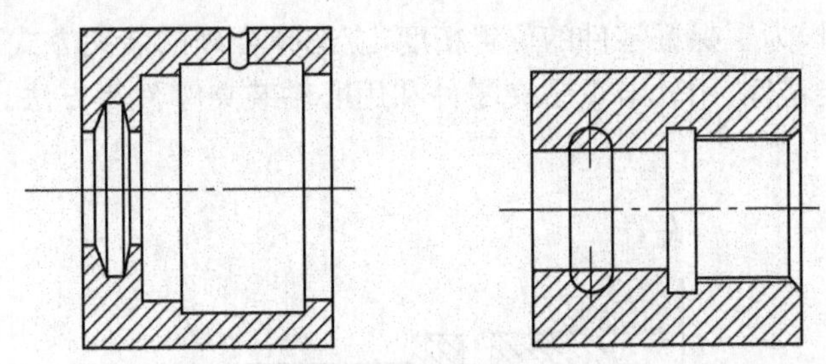

图 3-4-5　各种形状的内沟槽

内沟槽车刀与外槽切断刀的几何形状相似，只是主刀刃方向相反，且在内孔中车槽。加工小孔中的内沟槽车刀做成整体式（见图 3-4-6 所示）。在大直径内孔中车内沟槽的车刀，可做成车槽刀刀头，然后装夹在刀杆上使用。

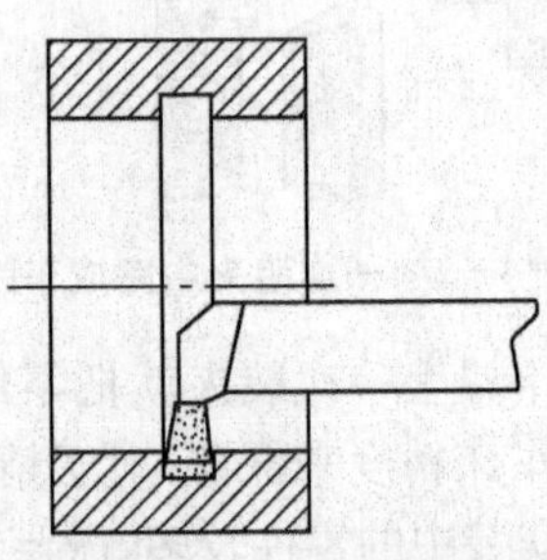

图 3-4-6　内沟槽车刀

3. 内孔车刀的装夹

内孔车刀装夹得是否正确，会影响车削情况及孔的精度，内孔车刀装夹时应注意以下几点：

(1) 刀尖应与工件中心等高或稍高。若装得低于中心，由于切削力的作用，容易将刀杆压低而产生扎刀现象，并可能减小后角造成摩擦，还可能造成孔径扩大。

(2) 刀杆伸出刀架不宜过长。否则会降低刀杆刚性，如果刀杆需伸出较长，可在刀杆下面垫一块垫铁支承刀杆。

(3) 刀杆要平行于工件轴线，否则车削时，刀杆容易碰到内孔表面。

三、内孔车削方法

经过铸造、锻造出来的孔或用钻头加工的孔，还需要经过车孔(或铰孔)才能达到所需要的各种精度要求。车孔(又称镗孔)可以作为粗加工，也可以作为精加工。车孔的精度一般可达IT7～IT8，表面粗糙度 Ra 为 1.6 μm。精车时，表面粗糙度 Ra 达 0.8 μm 或更小。

1. 车内孔的关键技术

车内孔的关键技术是解决内孔车刀的刚性和排屑问题。

(1) 增加内孔车刀的刚性主要采用以下两项措施：减小刀具伸出长度和增加刀柄截面积。

(2) 解决排屑问题

主要是控制加工通孔和盲孔两种情境下的切屑流出方向。精车通孔时要求切屑流向待加工表面(前排屑)，内孔表面不受切屑影响，可以采用正值刃倾角的内孔车刀。加工盲孔时，为防止切屑在孔内阻塞，则不得不采用负值刃倾角，使切屑从孔口排出(后排屑)。

2. 车内孔的方法

车内孔的方法基本上与车外圆相同，只是车内孔的工作条件较差，加上刀杆刚性差，容易引起振动，因此切削用量应比车外圆时要相应低一些。

需要注意的是，车内孔时，用中滑板刻度盘手柄控制吃刀的方向与车外圆的吃刀方向正好相反，特别是在试切削时，一定要注意这一点。

(1) 内孔车刀的安装

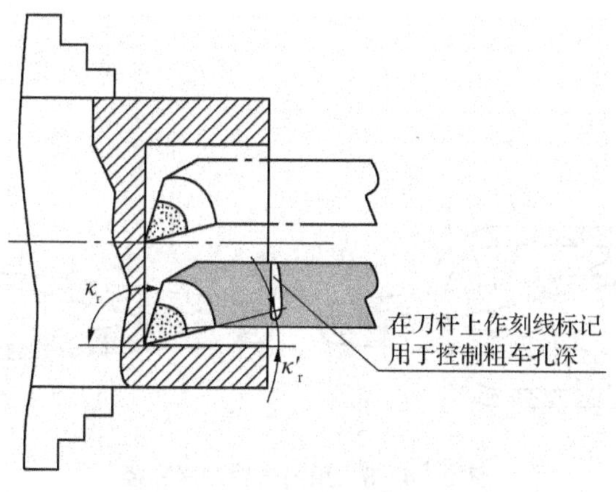

图 3-4-7　车内孔的方法

内孔车刀装夹得是否正确，会直接影响车削情况及孔的精度，内孔车刀装夹时要注意以下几点：

① 刀尖应与工件中心等高或稍高。若装得低于中心，由于切削力的作用，容易将刀杆压低而产生扎刀现象，并可能因后角减小造成摩擦，还可能造成孔径扩大。

② 刀杆伸出刀架不宜过长。否则会降低刀杆刚性，如果刀杆需伸出较长，可在刀杆下面垫一块垫铁支承刀杆。

③ 刀杆要平行于工件轴线，否则车削时，刀杆容易碰到内孔表面，在正式车削之前，可手动移动大拖板，将车孔刀移至孔底附近，观察刀杆是否会与孔壁相干涉。

④ 用盲孔刀加工平底孔时，要注意加工过程中刀杆与工件孔壁不能有摩擦；安装盲孔车刀要保证刀具能通过工件轴心线，而不致刀杆与孔壁摩擦，否则车不平盲孔孔底。

(2) 孔深的控制

单件少量生产可用车床的纵向刻度盘、在刀杆上作刻线标记(见图 3-4-7 所示)、在刀架上压标记铜皮等方法，但最终要通过测量来保证孔深尺寸；对于批量生产可使用调节好位置的挡铁来控制孔的深度。

(3) 盲孔孔底的车削方法

使用盲孔车刀车削盲孔时，先要粗车，留出 0.5～1 mm 的孔径余量和 0.2 mm 的孔底余量；精车时，要先试切削，确定正确孔径，自动走刀距孔底 2～3 mm 时，改手动走刀，用小滑板刻度准确控制孔深，最后用中滑板横向走刀，从中心向外走刀车平孔底。

四、套类工件内孔尺寸的检测

测量孔径尺寸时，应根据工件的尺寸大小、生产批量以及精度要求，采用相应的量具进行测量。如果孔径精度要求不高时，可采用钢直尺、内卡钳或游标卡尺测量。精度要求较高时，可采用以下几种方法测量。

1. 内孔直径的测量

(1) 内卡钳与千分尺配合测量

在测量位置狭小或位置较深的孔时，使用内卡钳显得灵活方便，如图 3-4-8 所示。内卡钳与外径千分尺配合使用也能测出较高精度的孔径，测量精度可以达到 IT7～ IT8。

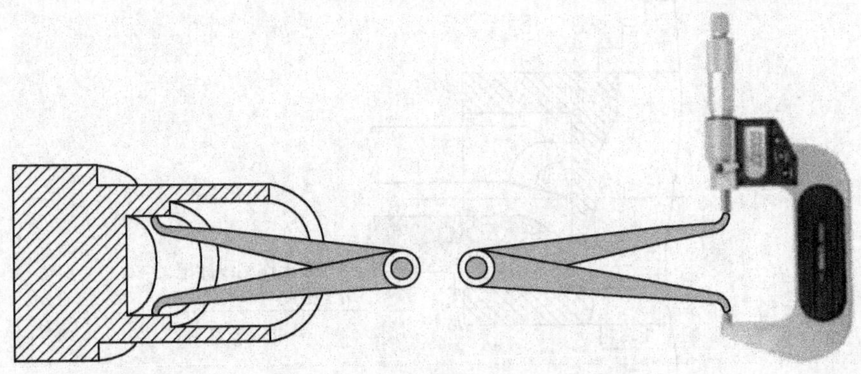

图 3-4-8　用内卡钳测量孔径

(2) 塞规

塞规是一种快捷检验孔径是否合格的量具,如图 3-4-9 所示,用于成批生产检验中。塞规由通端、止端和手柄组成。通端的尺寸按孔的最小极限尺寸设计;止端的尺寸按孔的最大极限尺寸设计。为使通端与止端有所区别,塞规通端宽度要比止端宽度宽一些。测量时,尺寸合格的条件是,通端通过,而止端不能通过,说明尺寸合格,否则都不合格。

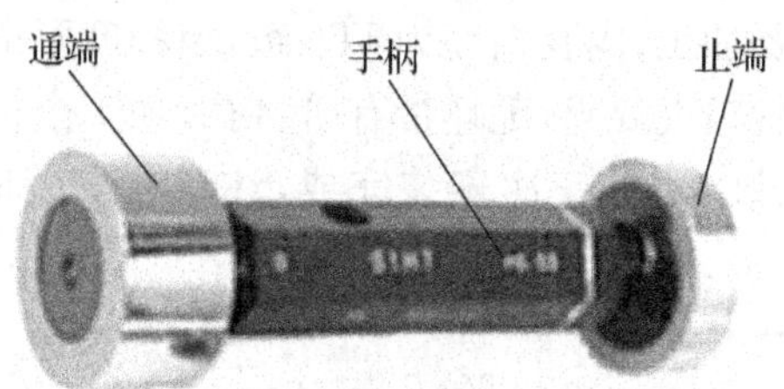

图 3-4-9　塞规及使用

(3) 内测千分尺

内测千分尺的使用方法:这种内测千分尺主尺刻线与微分筒刻线的方向都与外径千分尺正好相反,当顺时针旋转微分筒时,活动爪向右移动,测量值增大。内测千分尺测量的孔径至少要大于 5 mm, 主要用于精密测量孔深较浅的孔径。

2. 内沟槽的检验

(1) 内沟槽的直径一般用弹簧内卡钳测量

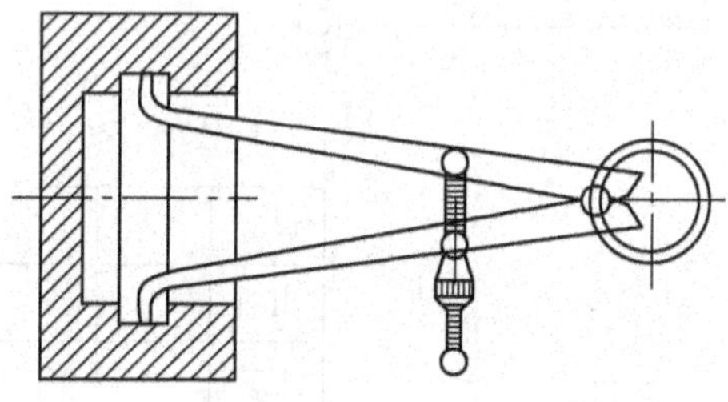

图 3-4-10　用弹簧内卡钳测量内沟槽尺寸

测量时,先将弹簧内卡钳的卡脚收缩,放入内沟槽,卡住内沟槽直径,再小心调节螺钉位置,然后将内卡钳收缩取出,恢复到原来的尺寸,再用游标卡尺或外径千分尺测出内卡钳的张开距离,就得到内沟槽直径。

(2) 内沟槽的轴向尺寸可用钩形深度游标卡尺测量

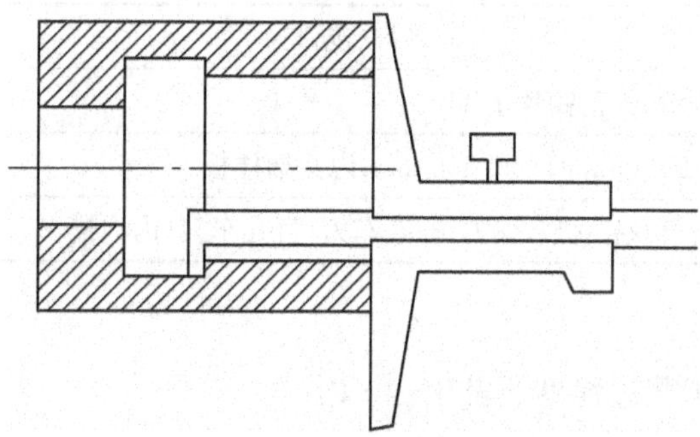

图 3-4-11　内沟槽轴向测量方法

五、技能训练——轴套零件的车削

如图所示为一个简单轴套零件，加工难度不高。毛坯为 ϕ45×45 棒料。

1. 零件工艺分析

形状分析：本工件为一个阶台孔，内有一个小沟槽，毛坯直径、长度有几个毫米的余量。

精度分析：本工件外形要加工，内孔精度为 IT9 级，粗糙度要求一般。

工艺分析：根据工件形状精度要求，毛坯带有阶台孔，加工余量为 2 mm，全部加工均为车削；采用三爪自定心卡盘安装工件，三次安装完成，注意在安装时要校正工件，外圆车削要接刀。

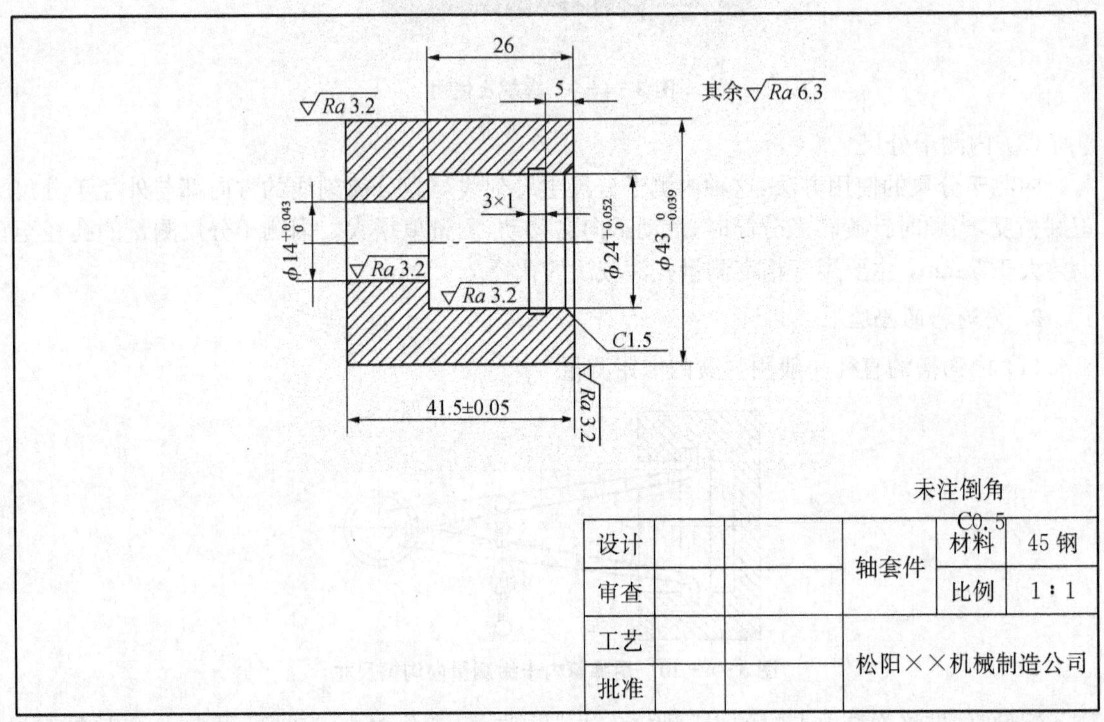

图 3-4-12　轴套零件图

2. 工量具准备清单(见下表 3-4-1)

表 3-4-1　工量具准备清单

类　型	名称、规格	备　注
夹具	三爪自定心卡盘、校正铜片垫片	
量具	游标卡尺 0～150 mm；钢直尺 150 mm；内沟槽样板	
刀具	45°车刀 YT5；麻花钻 ϕ12；偏刀；通孔车刀；盲孔车刀；内沟槽车刀 3 mm	

3. 工艺步骤

轴套零件车削加工工艺过程见下表 3-4-2。

表 3-4-2　轴套件车削工艺过程

工序	工步	加工内容	加工图形效果	加工要点
		用三爪卡盘安装工件		小孔端朝外
车	1	1. 车平小孔端面 2. 车调头安装需要的夹持外圆 3. 扩小孔	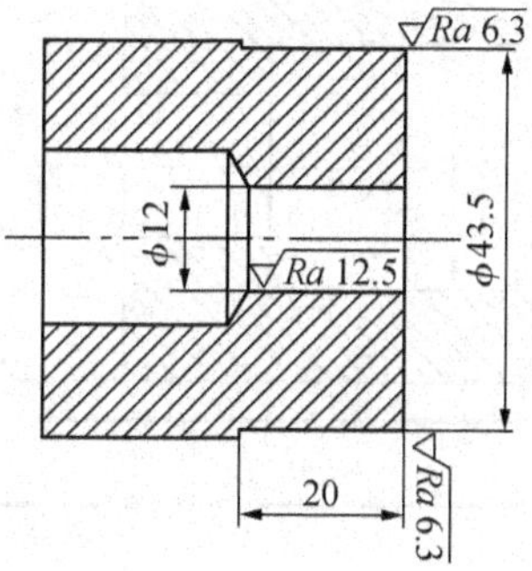	车调头安装需要的夹持外圆时,要防止刀具与卡盘碰撞
		调头用三爪卡盘安装工件		校正工件端面 （观察法）
	2	1. 车端面控制工件总长 2. 粗车大孔 3. 粗车外圆	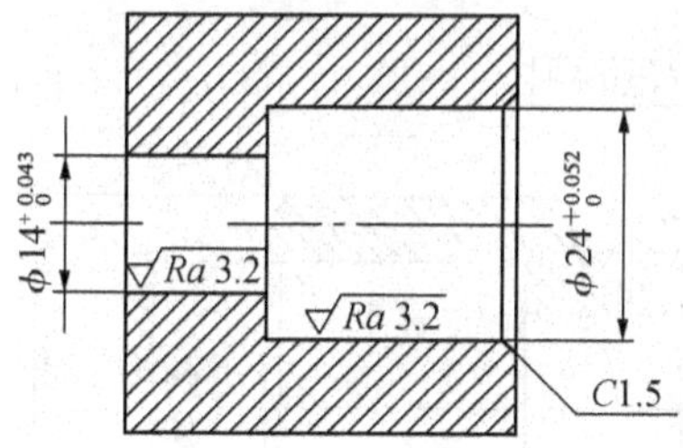	1. 注意内孔装刀,防止刀杆与工件孔壁摩擦 2. 注意测量:孔深度留 0.2 mm 余量,作孔深控制标记 3. 孔径留 0.5 mm 余量
	3	精车大小两孔,倒角		1. 车削小孔时,因刀杆直径较小,刚性差,走刀量要小 2. 按教材中车盲孔的方法来控制大孔直角阶台的孔深和孔径
	4	车内沟槽精车外圆	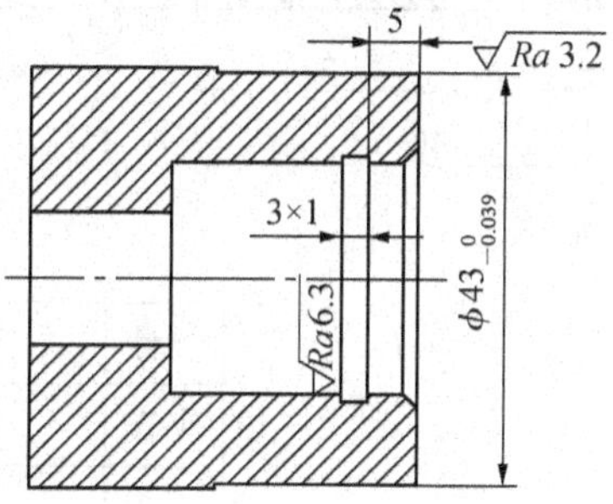	1. 内沟槽的位置控制,这里可用内沟槽车刀在端面试切,然后用小滑板轴向进 8 mm 确定位置 2. 沟槽深度用中滑板刻度盘控制
	5	掉头安装工件		1. 注意夹持长度 2. 用垫铜皮的方法校正工件 3. 防止出现明显接刀痕迹

（续表）

工序	工步	加工内容	加工图形效果	加工要点
车	6	接刀精车外圆	Ra 3.2 $\phi 43_{-0.039}^{0}$	
检验				

任务 3.5 轴套典型工作任务训练

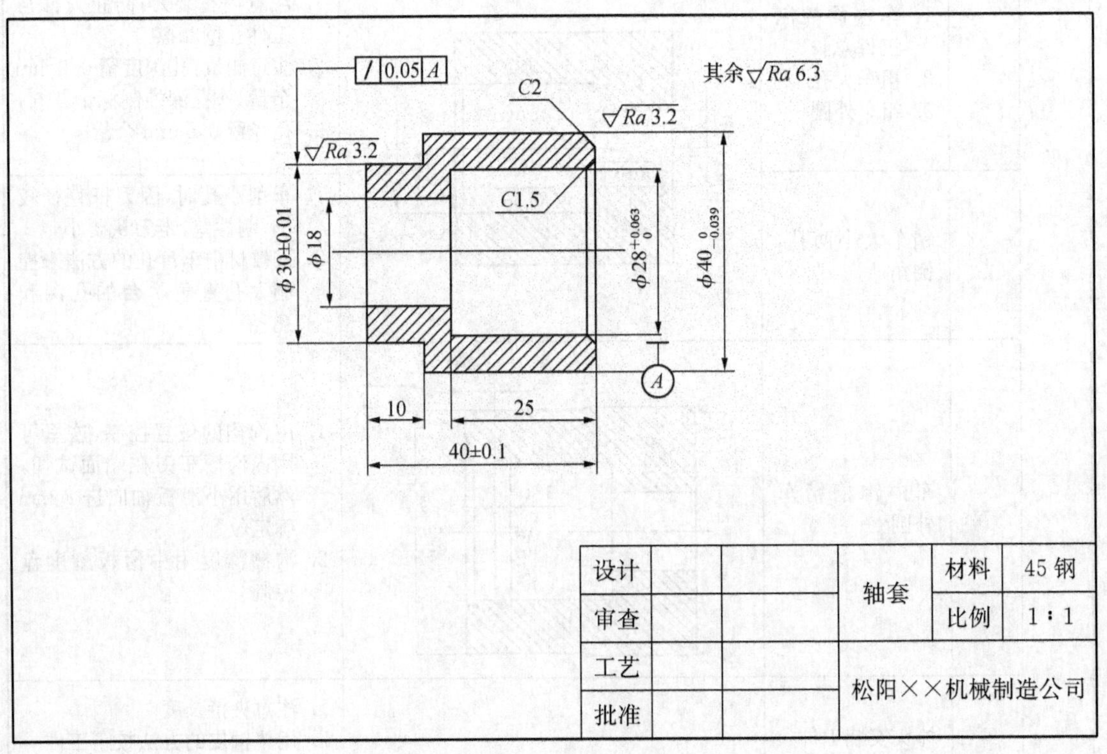

图 3-5-1 轴套零件图

如图 3-5-1 所示为一个典型轴套工件，毛坯为 ϕ45×45 钢棒料，也可采用上次工件(轴套零件的车削图)做毛坯。

1. 零件工艺分析

形状精度分析：

工艺分析：

工艺步骤：

2. 工量具准备清单(见表 3-5-1)

表 3-5-1　工量具准备清单

类　型	名称、规格	备　注
夹具		
量具		
刀具		

任务 3.6　一般套类工件车削质量分析

钻孔、车削套类工件时，产生废品的原因及预防措施见表 3-6-1。

表 3-6-1　钻孔时产生废品的原因及预防措施

废品种类	产生原因	预防措施
孔歪斜	钻孔前，工件端面不平，或与轴线不垂直； 钻孔时尾座偏移； 钻头刚性差，初钻时，进给量过大。	钻孔前车平端面，中心不能有凸头； 调整尾座轴线与主轴轴线同轴； 选用较短的钻头或用中心钻先钻导向孔，初钻时进给量要小。
孔尺寸扩大	钻头顶角不对称； 钻头直径选错； 钻头主切削刃不对称； 钻头未对准工件中心； 车孔时，没有仔细测量； 铰孔时，主轴转速太高，铰刀温度上升，切削液供应不足。	正确刃磨钻头； 看清图样，仔细检查钻头直径； 仔细刃磨，使两主切削刃对称； 检查钻头是否弯曲，钻夹头、钻套是否装夹正确； 仔细测量和进行试切削； 降低主轴转速，充分加注切削液。
孔的圆柱度超差	铰孔时，铰刀尺寸大于要求，尾座偏位； 车孔时，刀杆过细，刀刃不锋利，造成让刀现象，使孔外大里小； 车孔时，主轴中心线与导轨在水平面内或垂直面内不平行。	检查铰刀尺寸，校正尾座轴线，采用浮动套筒； 增加刀杆刚性，保证车刀锋利； 调整主轴轴线与导轨的平行度。
孔的表面粗糙度值大	铰孔时，孔口扩大，主要原因是尾座偏位； 车孔时，内孔车刀磨损，刀杆产生振动； 铰孔时，铰刀磨损或切削刃上有崩口、毛刺； 切削速度选择不当，产生积屑瘤。	校正尾座，采用浮动套筒； 修磨内孔车刀，采用刚性较大的刀杆； 修磨铰刀，刃磨后保管好，不许碰毛； 铰孔时，采用 5 m/min 以下的切削速度，并加注切削液。

项目四　圆锥面的车削

知识目标

- 掌握圆锥各部分名称和参数计算；
- 掌握外圆锥的加工方法和外圆锥的测量；
- 掌握内圆锥的加工方法和内圆锥的测量。

技能目标

- 会进行圆锥参数的计算；
- 能熟练应用圆锥的加工方法进行加工；
- 能牢固地掌握圆锥工件测量方法。

任务 4.1　外圆锥的加工

外圆锥面加工技术是车工技术人员必须掌握的一个核心技能，也是车工中的一个重点和难点内容。它是车内外圆柱面过渡到车成型面的重要阶段，也是后面车削复杂工件的基础。它起到了承上启下的关键作用。

一、圆锥的特点及应用

在机床和工具中，圆锥面的结合可传递很大的扭矩，且具有结合同轴度高、定心精度高、无间隙配合等特点。

二、圆锥各部分名称及计算

1. 圆锥的各部分名称

圆锥的各部分名称如下图 4-1-1 所示。其中：

D——最大圆锥直径，mm；

d——最小圆锥直径，mm；

a——圆锥角，(°)；

$\alpha/2$——圆锥半角，车床车削时实际转的度数；

L———圆锥长度，mm；

C——锥度;圆锥体的大、小直径之差与圆锥长度之比称为锥度。

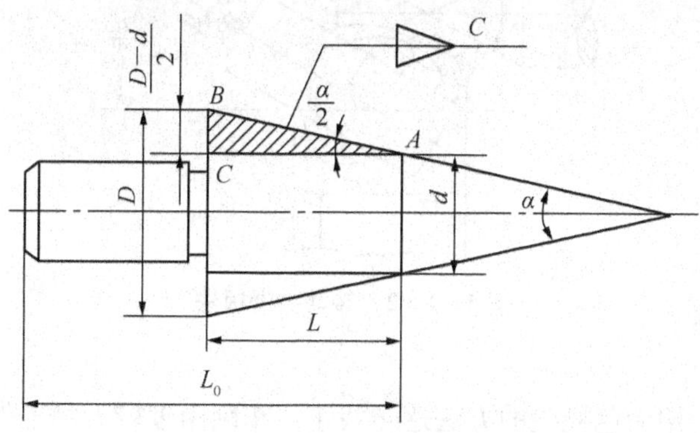

图 4-1-1　圆锥各部分名称

2. 圆锥半角的计算

根据零件给定的条件,可计算圆锥半角为

$$C=\frac{D-d}{L}$$

$$\tan\frac{\alpha}{2}=\frac{C}{2}=\frac{D-d}{2L}$$

应用上面公式计算出 $\alpha/2$(需查三角函数表得出角度)。当 $\alpha/2<6°$时,可用近似方法计算为

$$\frac{\alpha}{2}\approx 28.7°\times\frac{D-d}{L}$$

当零件图在圆锥面上标注锥度 C 时,可利用两个已知条件进行计算。其计算公式为

$$C=\frac{D-d}{L}$$

三、车外圆锥体的方法

车圆锥面主要有下列 4 种方法:转动小滑板法、尾座偏移法、仿形法及宽刃刀法。

1. 转动小滑板法

(1) 转动小滑板法

当加工锥面不长的工件时,可用转动小滑板法车削。车削时,将小滑板下面的转盘上螺母松开,把转盘转至所需要的圆锥半角 $\alpha/2$ 的刻线上,与基准零线对齐,然后固定转盘上的螺母,如果锥角不是整数,可在锥附近估计一个值,试车后逐步找正,如图 4-1-2 所示。

(2) 操作方法

① 确定小滑板转动角度

原则:把图样上所标注的换算出来,如圆锥素线跟主轴轴线的 $\alpha/2$。

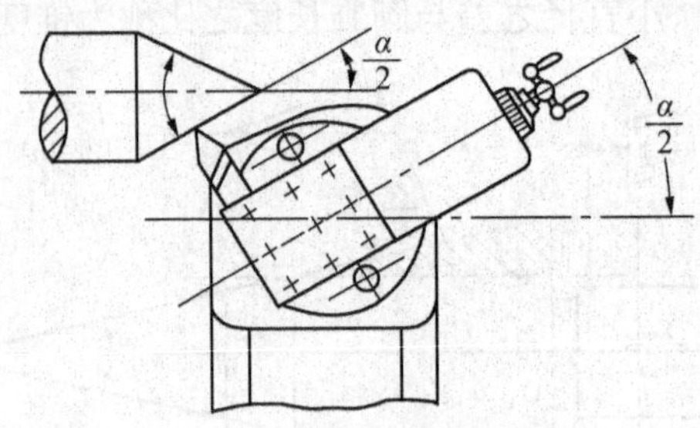

图 4-1-2　转动小滑板法

② 找正锥度

一般用圆锥量规，用涂色检验的方法逐步找正。车削角度较大的工件时，用样板或万能角度尺来检验。

车削的工件已有样件或标准塞规时，用百分表找正。

注意：车圆锥面时必须保证车刀装夹时刀尖要严格对正工件的中心，否则出现双曲线误差。

(3) 转动小滑板法车外圆锥面的特点

① 因受小滑板行程限制，只能加工锥面不长的工件。

② 应用范围广，操作方便。

③ 同一工件上加工不同角度的圆锥时调整很方便。

④ 只能手动进给，劳动强度大，表面粗糙度较难控制。

2. 尾座偏移法

(1) 偏移尾座法

当车削锥度小、锥形部分较长的圆锥面时，可用偏移尾座的方法，此方法可自动走刀。其缺点是不能车削整圆锥和内锥体以及锥度较大的工件，如下图 4-1-3 所示。

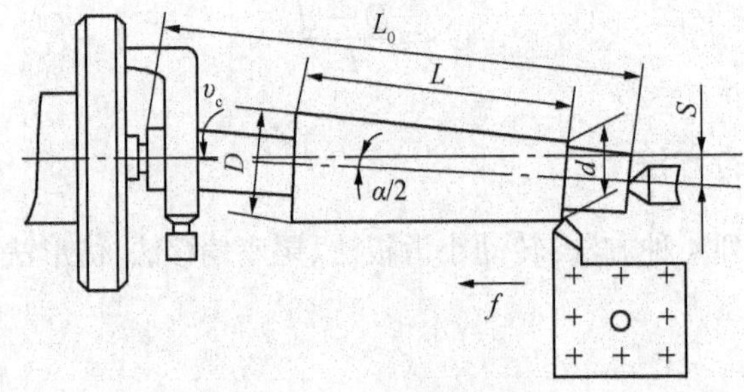

图 4-1-3　偏移尾座法

(2) 操作方法

将尾座上滑板横向偏移一个距离 S，使偏位后两顶尖连线与原来两顶尖中心线相交一个 $\alpha/2$ 角度，尾座的偏向取决于工件大小头在两顶尖间的加工位置。尾座的偏移量与工件的总长有关，如上图所示。尾座偏移量可计算为

$$S=\frac{D-d}{2L}L_0$$

式中：S——尾座偏移量；

L——工件锥体部分长度；

L_0——工件总长度；

D、d——锥体大头直径和锥体小头直径。

床尾的偏移方向由工件的锥体方向决定。当工件的小端靠近床尾处，床尾应向里移动；反之，床尾应向外移动。

例　有一外圆锥 $D=80$ mm，$d=75$ mm，$L=100$ mm，$L_0=120$ mm，求尾座偏移量 S。

解　由题意得

$$
\begin{aligned}
S &= \frac{D-d}{2L}L_0 \\
&= \frac{(85-75)\times 120}{2\times 100}\ \text{mm} \\
&= 3\ \text{mm}
\end{aligned}
$$

(3) 偏移尾座法车外圆锥的优缺点

● 优点

① 任何卧式车床都可以应用。

② 可以自动进给车锥面，车出的工件表面粗糙度值较小。

③ 能车较长的圆锥。

● 缺点

① 因为顶尖在中心孔中歪斜，接触不良，所以中心孔磨损不均。

② 因为受尾座便偏移量的限制，不能车锥度很大的工件。

③ 不能车内圆锥及整圆锥。

用偏移尾座法车外圆锥，只适宜于加工锥度较小、长度较长的工件。

3. *仿形法*

仿形靠模板装置是车床加工圆锥面的附件。对于较长的外圆锥和圆锥孔，当其精度要求较高而批量又较大时常采用这种方法，如下图 4-1-4 所示。

仿形法车圆锥的特点如下：

(1) 优点

① 锥度仿形板锥度调整既方便，又准确。

② 因中心孔接触良好，故圆锥面质量较高。

③ 可自动进给车削外圆锥和内圆锥。

(2) 缺点

仿形装置的角度调节范围较小，一般 $\alpha/2$ 在 12°以下。

4. *宽刃刀法*

车削较短的圆锥时，可用宽刃刀直接车出，如图 4-1-5 所示。其工作原理实质上是属于成型法，所以要求切削刃必须平直，切削刃与主轴轴线的夹角应等于工件圆锥半角 $\alpha/2$。同时，要求车床有较好的刚性，否则易引起振动。当工件的圆锥斜面长度大于切削刃长度时，可用多次接刀方法加工,但接刀处必须平整。

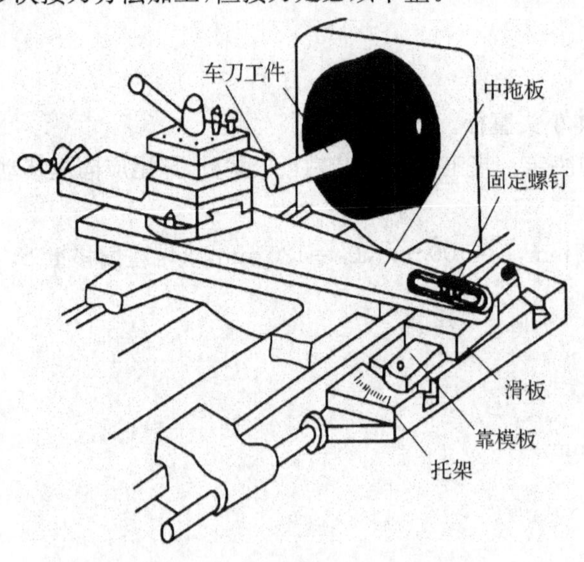

图 4-1-4　用仿形法车削圆锥面

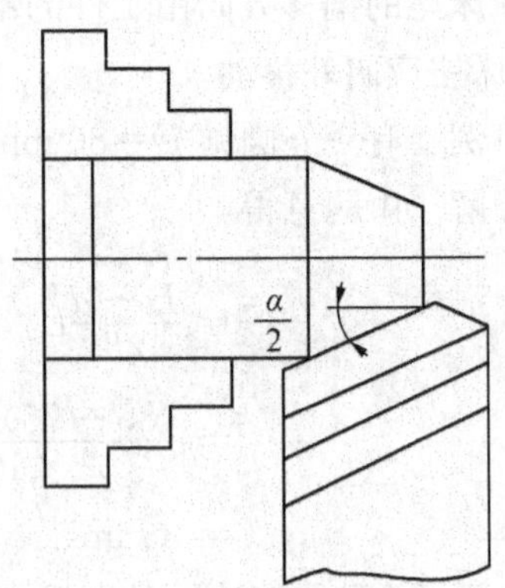

图4-1-5　用宽刃刀车削圆锥

四、圆锥工件的测量

1. 用万能角度尺测量锥体

万能角度尺又称量角器,如图 4-1-6 所示。

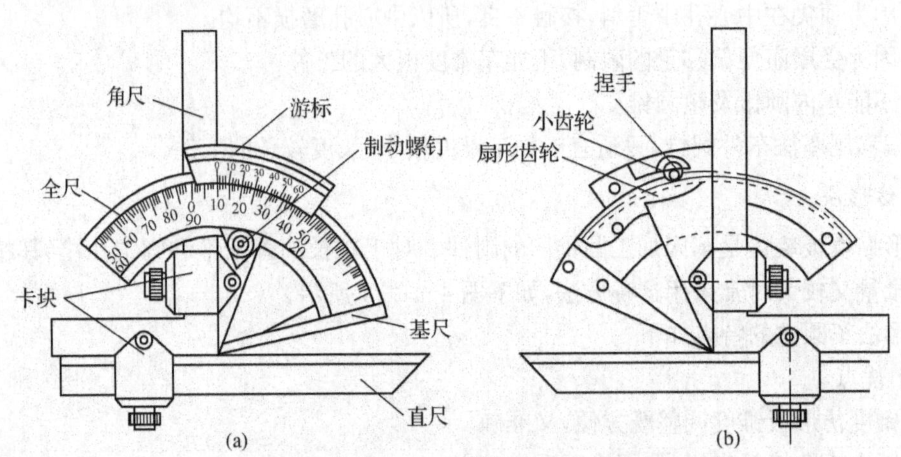

图 4-1-6　万能角度尺

其测量范围为 0°～320°,精度为 2′。刻线原理与游标卡尺相同。在 2′精度的万能角度尺上,主尺每格 1°,游标在 29°内分成 30 格,每格为 58′,主副尺每格差 1°－ 58′=2′。

读数方法是:先从副尺(游标)零线上读出所指主尺的度数,再加上游标尺上刻度与主尺重合格数乘 2′,即为工件的角度。

万能角度尺的读数方法与游标卡尺相似,即首先读主尺上的整数,然后在游标上读出分的数值,两者相加即为被测角度数值。

如图 4-1-7 所示的数值为 10°50′。

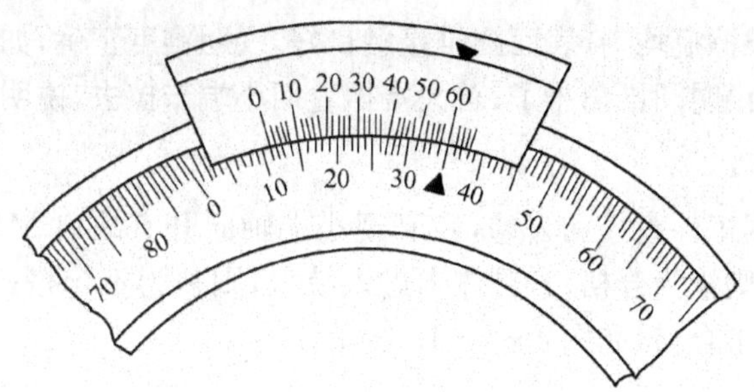

图 4-1-7 万能角度尺的读数

2. 用样板测量圆锥工件

工件锥角精度要求不太高，而批量又较大的圆锥工件和角度零件，可应用样板测量。如图 4-1-8 所示为测量圆锥坯的角度。

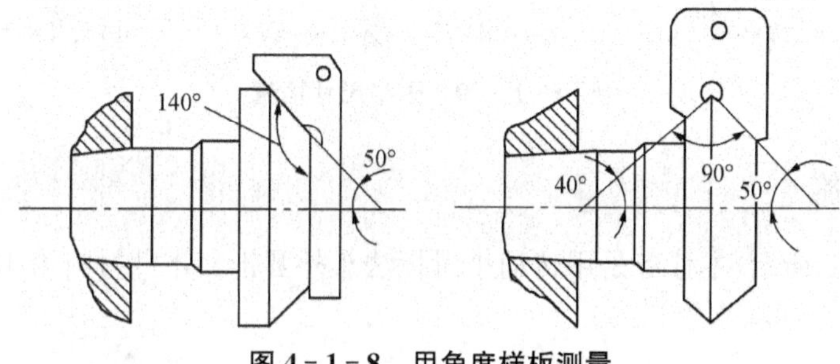

图 4-1-8 用角度样板测量

3. 用涂色法检测锥度

用圆锥套规检测外圆锥时，要求工件和套规表面清洁且工件外圆锥表面粗糙度值 Ra 小于 3.2 μm 且无毛刺。

检测时，首先在工件表面顺着圆锥素线薄而均匀地涂上轴向均等的 3 条显示剂(印油、红丹粉、机油的调和物等)，然后手握套规轻轻地套在工件上，稍加轴向推力，并将套规转动半圈，最后取下套规，观察工件表面显示剂擦去的情况。

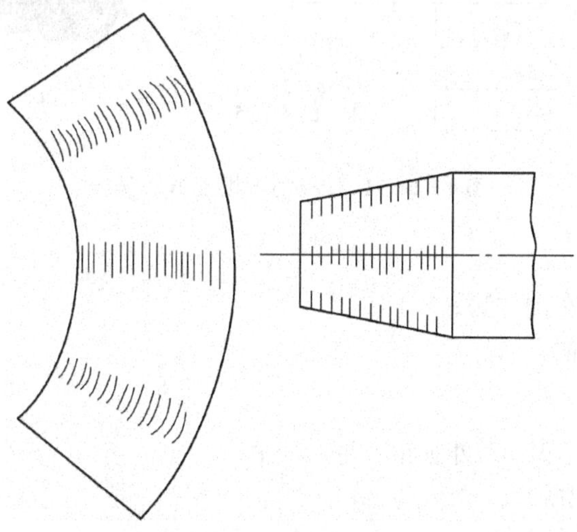

图 4-1-9 合格的圆锥面展开图

若3条显示剂全长擦痕均匀，表面圆锥接触良好，说明锥度正确，如图4-1-9所示；若小端擦着而大端未擦去，说明圆锥角小了；若大端擦着而小端未擦去，说明圆锥角大了。

4. 外圆锥尺寸检测

在圆锥套规上根据工件直径和公差，在套规小端轴向开有缺口M。测量时，如果锥体的小端平面在缺口之间，则视为合格；若锥体未进入缺口，则视为不合格；若锥体超出了缺口，则圆锥尺寸小了，也视为不合格，如图4-1-10所示。

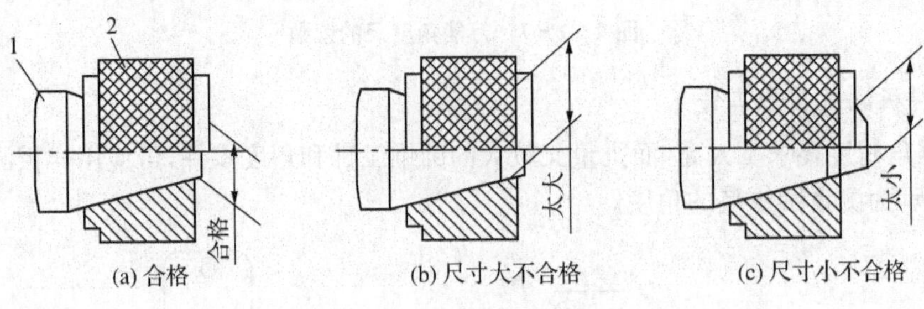

图4-1-10　圆锥尺寸检测

五、任务实施

如图4-1-11所示，本任务是用转动小滑板法车外圆锥。零件材料为45号钢，毛坯规格为ϕ45×100 mm。

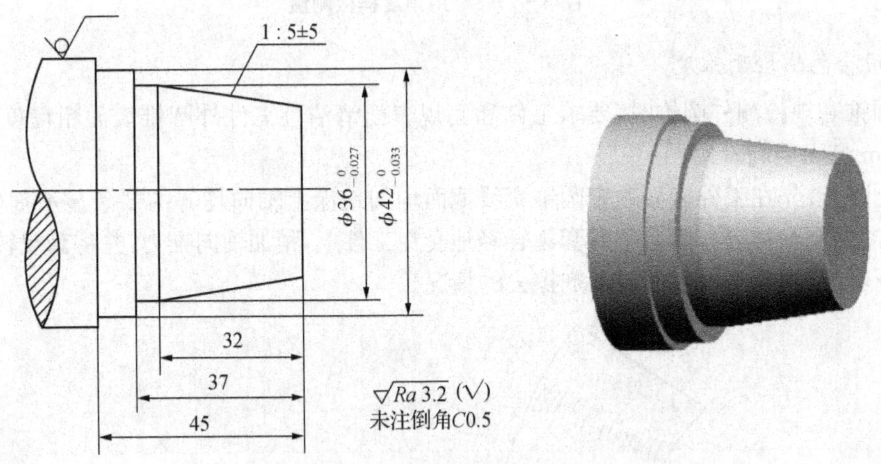

图4-1-11　转动小滑板法车外圆锥

1. 要求

(1) 掌握外圆锥的车削方法。

(2) 掌握锥体检测的方法。

2. 任务准备

(1) 工具：90°外圆车刀、45°外圆车刀等。

(2) 量具：游标卡尺等。

(3) 设备：CA6140车床等。

(4) 材料：ϕ45×100 mm 的 45 号钢毛坯材料。

3. 实施步骤

(1) 工件伸出卡爪 60 mm 左右，校正并加紧；车平端面；粗、精加工 ϕ42×45 mm、ϕ36×37 mm外圆。

(2) 粗加工、半精加工外圆锥，并用万能角度尺检测圆锥角；调整后，保证 1∶5 圆锥角度。

(3) 在 1∶5 圆锥角度准确后，精加工外圆锥，并保证 32 mm 长度尺寸。

(4) 加工完毕后，根据图纸要求倒角、去毛刺，并仔细检查各部分尺寸；最后卸下工件，完成操作。

4. 评分表

表 4-1-1　评分表

序号	检测项目	配　分	评分标准	检测结果	得　分
1	$\phi 42_{-0.033}^{\ 0}$，*Ra* 3.2	10/5	每超差 0.01 扣 2 分，每降一级扣 2 分		
2	$\phi 36_{-0.027}^{\ 0}$，*Ra* 3.2	10/5	每超差 0.01 扣 2 分，每降一级扣 2 分		
3	锥度 1∶5±5′，*Ra* 3.2	20/10	每超差 2′扣 4 分，每降一级扣 4 分		
4	45	7	超差不得分		
5	37	7	超差不得分		
6	32	7	超差不得分		
7	倒角、去毛刺 3 处	9	每处不符扣 3 分		
8	安全操作规程	10	按相关安全操作规程酌情扣 1～10 分		
总分		100	总得分		

任务 4.2　内圆锥的加工

内圆锥面加工技术是车工技术人员必须掌握的一个核心技能，也是车工中的一个重点和难点内容，也是后面车削复杂工件的基础。它起到了承上启下的关键作用。

一、车内圆锥的常用方法及特点

车内圆锥的常用方法有转动小滑板法、铰圆锥孔法等。车内圆锥比车外圆锥要困难些，主要是因为车内圆锥不易观察和测量，排屑和冷却条件也较差。加工内圆锥时，镗孔刀刀杆受孔径大小和孔深的限制，使得刀具的刚性不足，增加了加工的难度。

二、车内圆锥面的方法

1. 转动小滑板法(见图 4－2－1)

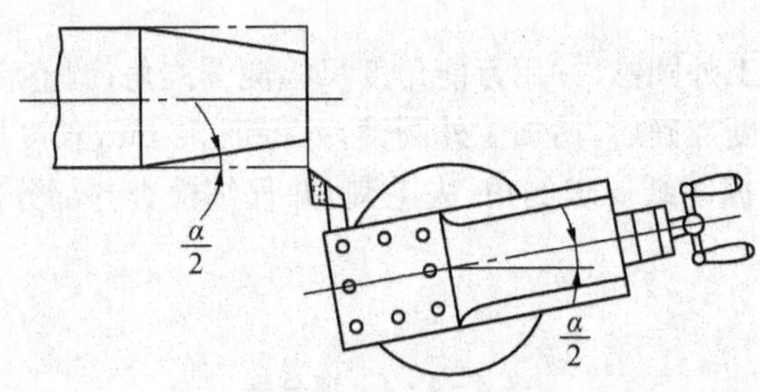

图 4－2－1　转动小滑板法

(1) 适用范围

单件、小批量生产,特别适用于锥孔直径较大、长度较短、锥度较大的圆锥孔及配套的外圆锥面。

(2) 转动小滑板车内圆锥面的方法和步骤

● 钻孔

用小于锥孔小端直径 1～2 mm 的麻花钻钻底孔。

● 内圆锥车刀的选择及装夹

① 宜选用圆锥形刀柄,且刀尖与刀柄中心对称平面等高;

② 装刀时,调整车刀,使刀尖严格对准工件中心,刀柄伸出长度应保证其切削行程,刀柄与工件锥孔周围应留有一定空隙。车刀装夹好后,须在孔内摇动床鞍至终点,检查刀柄是否会产生碰撞。

● 转动小滑板

根据公式计算出圆锥半角,小滑板逆时针方向转动一个圆锥半角。

● 粗车内圆锥面

与转动小滑板法车外圆锥面一样。

● 找正圆锥角度

用涂色法检测圆锥孔角度。

● 精车内圆锥面

精车内圆锥面控制尺寸的方法与精车外圆锥面控制尺寸的方法相同,也可采用计算法或移动床鞍法确定 a_p 值。

(3) 切削用量的选择

① 切削速度比车外圆锥面时低 10%～20%。

② 手动进给要始终保持均匀,不能有停顿与快慢不均匀的现象。最后一刀的切削深度 a_p 一般取 0.1～0.2 mm 为宜。

③ 精车钢件时,可以加切削液或机油,以减小表面粗糙度 Ra 值,提高表面质量。

(4) 注意事项

① 尽量选用刚度大的内圆锥车刀,车刀刀尖必须严格对准工件中心。

② 粗车时不宜进刀过深,应大致找正锥度。

③ 用圆锥塞规涂色检查时,必须注意孔内清洁,显示剂必须涂在圆锥塞规表面,转动量在半圈之内且只可沿一个方向转动。

④ 取出圆锥塞规时,注意安全,不能敲击,以防工件移位。

⑤ 精车锥孔时,要以圆锥塞规上的刻线来控制锥孔尺寸。

2. 铰圆锥孔

直径较小的圆锥孔可使用锥形铰刀铰削加工。

(1) 锥形铰刀

锥形铰刀一般分粗铰刀和精铰刀两种,如图 4-2-2 所示。

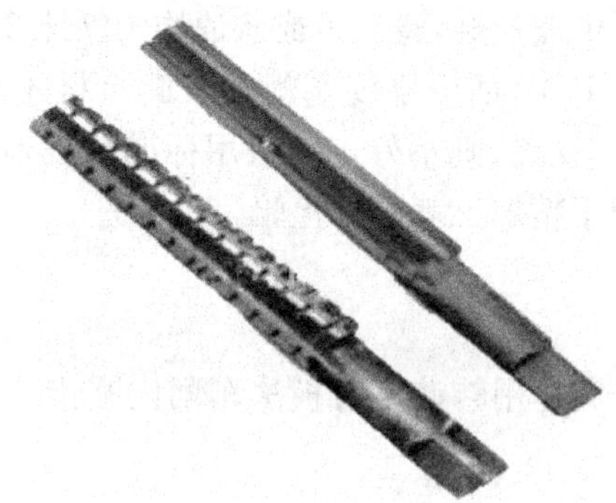

图 4-2-2　锥形铰刀

(2) 铰圆锥孔的方法

① 当圆锥孔的直径和锥度较大时,钻孔后先粗车成锥孔,并在直径上留铰削余量 0.2～0.3 mm,然后用精铰刀铰削。

② 当圆锥孔的直径和锥度较小时,钻孔后可直接用锥形粗铰刀粗铰,然后用精铰刀铰削成形。

(3) 铰圆锥孔时的注意事项

① 铰孔前,先用量棒和百分表把尾座套筒轴线调整到与主轴轴线同轴。

② 铰孔时,车床主轴只能顺转,不能反转。

③ 铰圆锥孔时,在铰削过程中应经常退出清除切屑。

④ 铰刀的切削刃不允许有毛刺或缺损。

⑤ 铰刀磨损后,应到工具磨床上去修磨。

(4) 根据工件图样选择相应的公式计算出圆锥半角 $\alpha/2$,即是小滑板应转动的角度。

(5) 用扳手将小滑板底座转盘上的两个螺母松开,将转盘转至所需要的圆锥半角 $\alpha/2$ 的刻度上,然后旋紧转盘上的螺母。

(6) 移动中、小滑板,粗车试切圆锥孔。

(7) 根据试切圆锥孔角度的大小,重复以③、④步骤,逐步找正、调整。

(8) 精车圆锥孔,保证锥孔长度。

三、内圆锥的检测

内圆锥一般采用圆锥塞规涂色法检测。圆锥塞规如图 4-2-3 所示。

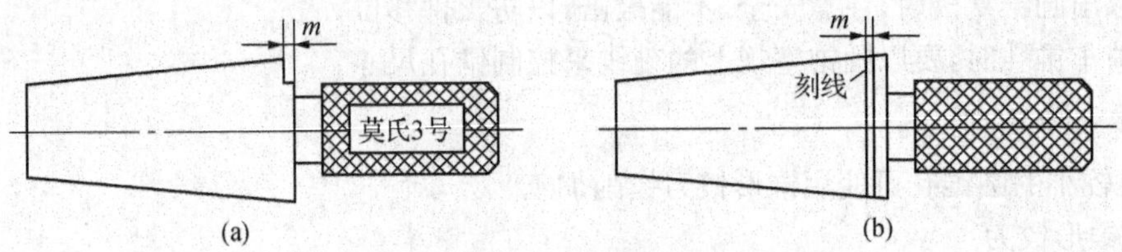

图 4-2-3　圆锥塞规

检测方法是：标准的外圆锥度量规，将红丹或蓝油均匀涂抹 2～4 条线在塞规上，然后将塞规插入内锥孔对研转动 60°～120°，抽出锥度塞规看表面涂料的擦拭痕迹来判断内圆锥的好坏。接触面积越多，锥度越好；反之，则不好。一般用标准量规检验锥度接触要在 75%以上，而且靠近大端，涂色法只能用于精加工表面的检验。

四、任务实施

如图 4-2-4 所示，本任务是用转动小滑板法车削内圆锥。零件材料为 45 号钢，毛坯规格为 ϕ45×50 mm。

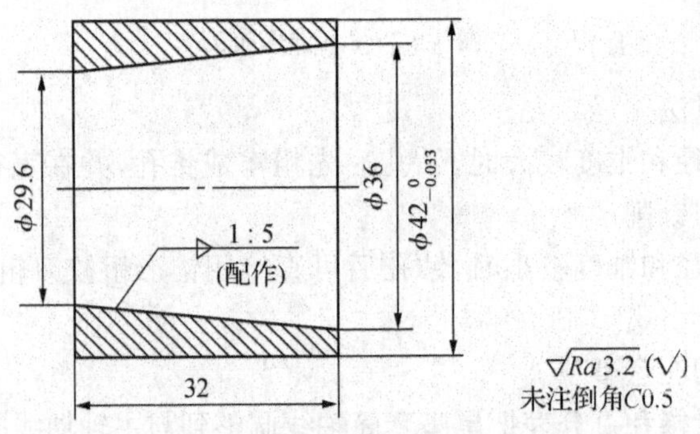

图 4-2-4　转动小滑板法车削内圆锥

1. 要求

(1) 掌握圆锥孔的车削方法。

(2) 掌握锥孔检测的方法。

2. 任务准备

(1) 工具：90°外圆车刀、45°外圆车刀、内孔刀等。

(2) 量具：游标卡尺等。

(3) 设备：CA6140 车床等。

(4) 材料：ϕ45×50 mm 的 45 号钢毛坯材料。

3. 实施步骤

(1) 工件露出卡爪 50 mm 左右，校正并加紧；车平端面；粗、精加工 ϕ42×34 mm 外圆。

(2) 用麻花钻钻 25 mm 孔，有效孔深 35 mm。

(3) 盲孔镗刀粗加工、半精加工内孔至 28.5 mm，留 1 mm 左右的加工余量。

(4) 粗加工、半精加工圆锥孔，并用自制的 1∶5 圆锥塞规涂色检测圆锥角；调整后，保证 1∶5圆锥角度准确。

(5) 在 1∶5 圆锥角度准确后，精加工圆锥孔，并保证 36 mm 的锥孔大端直径。

(6) 加工完毕后，根据图纸要求倒角、去毛刺，仔细检查各部分尺寸，并在 32.5 mm 长度处切下工件。

(7) 工件调头装夹，校正并适当夹紧，车平端面，同时保证 32 mm 总长；加工完毕后，根据图纸要求倒角、去毛刺；仔细检查各部分尺寸；最后卸下工件，完成操作。

4. 评分表

表 4-2-1　评分表

序号	检测项目	配　分	评分标准	检测结果	得　分
1	$\phi 42_{-0.033}^{0}$，*Ra* 3.2	15/5	每超差 0.01 扣 2 分，每降一级扣 2 分		
2	ϕ36	6	超差不得分		
3	锥度 1∶5±5′用圆锥塞规涂色检验，锥配接触面积≥60%，*Ra* 3.2	20/10	每降低 10%扣 4 分，每降一级扣 4 分		
4	32，两侧 *Ra* 3.2	8/10	超差不得分，每降一级扣 2 分		
5	倒角、去毛刺 4 处	16	每处不符扣 4 分		
6	安全操作规程	10	按相关安全操作规程酌情扣 1~10 分		
总分		100	总得分		

项目五　三角螺纹的车削

知识目标

- 了解螺纹的形成及其相关术语；
- 了解螺纹表示的方法；
- 掌握三角螺纹的尺寸计算方法；
- 掌握外三角螺纹车刀的选择方法。

技能目标

- 会外三角螺纹车刀的装夹方法；
- 在车削螺纹时，会车床的调整方法；
- 会内外三角螺纹的加工方法；
- 会内外三角螺纹的测量方法；
- 会梯形螺纹加工及测量方法；
- 能车削加工螺纹配合件。

任务 5.1　普通三角外螺纹加工

机械制造中很多零件都带有螺纹，螺纹用途十分广泛，有作连接的或固定的，也有作传递动力的。螺纹的加工方法多种多样。大规模生产直径较小的三角形螺纹，常采用滚丝、搓丝或轧丝的方法；对数量较少或批量不大的螺纹工件，常采用车削的方法。本项目主要涉及比较简单的三角形螺纹的加工。

一、螺纹的分类

三角形螺纹按规格和用途不同，可分为普通螺纹、英制螺纹和管螺纹 3 类。其中，普通螺纹的应用最为广泛，分为普通粗牙螺纹和普通细牙螺纹，牙型角均为 60°。

普通粗牙螺纹用字母“M”及公称直径来表示，如 M10，M24 等；普通细牙螺纹用字母“M”，公称直径后加“×螺距”来表示，如 M10×1，M24×2 等。

二、螺纹工件工业技术要求

(1) 内外螺纹大径、中径、小径基本尺寸正确且符合公差要求;
(2) 螺纹牙型饱满、光洁、不歪斜;
(3) 螺距、旋向、头数符合要求;
(4) 螺纹表面粗糙度符合要求。

三、螺纹的种类

1. 用途分类法

它可分为紧固螺纹、密封螺纹、管螺纹、传动螺纹、普通(或一般用途)螺纹及专用螺纹等。

2. 牙型分类法

它可分为梯形螺纹、锯齿形螺纹、矩形螺纹、三角形螺纹、短(或矮)牙螺纹以及60°和55°螺纹等。

3. 配合性质或型式法

它可分为过渡配合螺纹、过盈配合螺纹、间隙配合螺纹、"锥/锥"配合螺纹、"柱/锥"配合螺纹、"柱/柱"配合螺纹等。

4. 螺距或直径大小分类法

它可分为粗牙螺纹、细牙螺纹、超细牙螺纹及小螺纹等。

5. 单位分类法

它可分为英制螺纹和米制螺纹。

四、车削三角螺纹

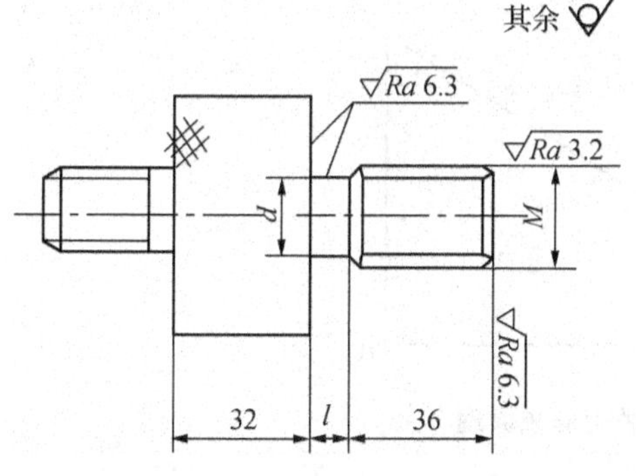

次　数	M/mm	d/mm	L/mm
1	M30×2	ϕ15	6
2	M27	ϕ15	6
3	M24	ϕ15	6
4	M20	ϕ15	6
5	M16	ϕ 13.5	6
6	M12—左	ϕ 10	6

图 5-1-1　三角螺纹

车削如图 5-1-1 所示的三角螺纹,材料为 45#钢,规格为 ϕ50×120 mm,数量为 50 件。试根据不同直径车削不同螺距的三角螺纹,并确定所用机床、刀具和测量方法。

1. 零件图及尺寸公差分析

该零件为轴类零件加工,结构比较简单,工件的左右两侧各有一个三角螺纹。其中,左侧为无退刀槽三角螺纹，右侧为有退刀槽三角螺纹，相对来讲右侧螺纹容易加工。在这里，首先要弄明白什么是三角形螺纹。由此涉及几个螺纹术语。

粗牙普通螺纹代号用字母“M”及公称直径表示，如 M16，M18 等。细牙普通螺纹代号用字母“M”及公称直径×螺距表示，如 M20×1.5，M10×1 等。细牙普通螺纹与粗牙普通螺纹的不同点是，当公称直径相同时，螺距比较小。

左旋螺纹在代号末尾加注“左”字，如 M6 左、M16×1.5 左等，未注明的为右旋螺纹。

2. 三角形螺纹的画法(见图 5-1-2)

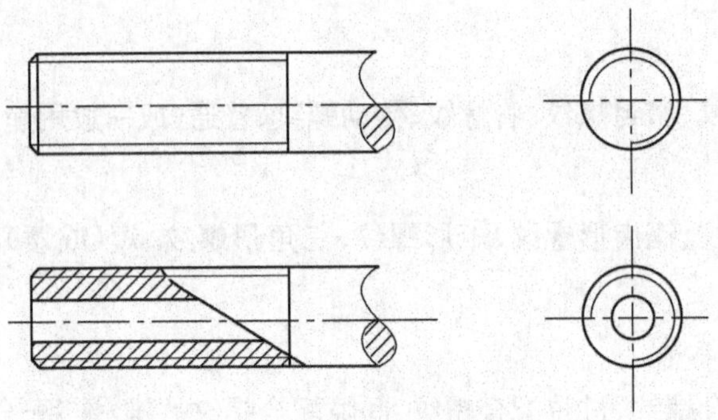

图 5-1-2　外螺纹的画法

(1) 牙顶线(大径)用粗实线表示；

(2) 牙底线(小径)用细实线表示，在螺杆的倒角或倒圆部分也应画出；

(3) 投影为圆的视图中，表示牙底的细实线只画 3/4 圆，此时轴上倒角省略不画；螺纹终止线用粗实线表示。

3. 螺旋线的形成

直角三角形 ABC 绕圆柱旋转一周，斜边 AC 在圆柱表面形成的曲线，就是螺旋线。如图 5-1-3 所示。

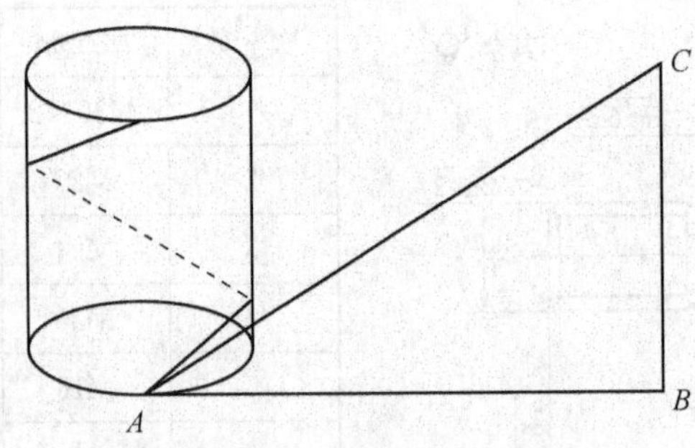

图 5-1-3　螺旋线的形成原理

4. 螺纹的术语(见图 5-1-4)

(1) 螺纹

在圆柱表面上，沿着螺旋线所形成的，具有相同剖面的连续凸起和沟槽，称为螺纹。沿向右上升的螺旋线形成的螺纹(即顺时针旋入的螺纹)，称为右旋螺纹，简称右螺纹；沿向左上升的螺旋线形成的螺纹(即逆时针旋入的螺纹)称为左旋螺纹，简称左螺纹。

(2) 螺纹牙型、牙型角和牙型高度

螺纹牙型是在通过螺纹轴线的剖面上，螺纹的轮廓形状。牙型角(α)是在螺纹牙型上，相邻牙侧间的夹角。牙型高度(h_1)是在螺纹牙型上，牙顶到牙底之间，垂直于螺纹轴线的距离。

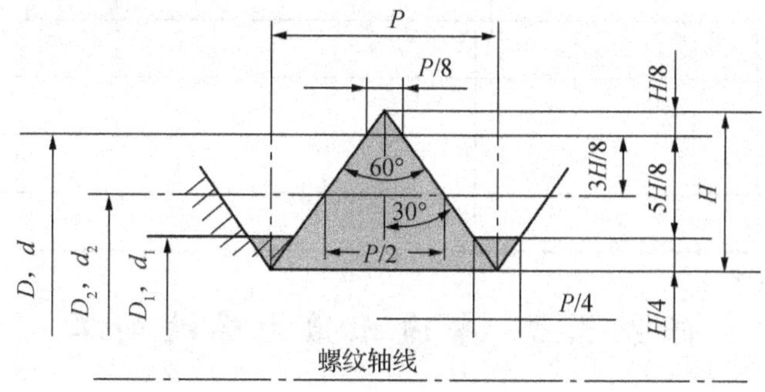

图 5-1-4　螺纹的术语

D—内螺纹大径(公称直径)；**d**—外螺纹大径(公称直径)；$\boldsymbol{D_2}$—内螺纹中径；$\boldsymbol{d_2}$—外螺纹中径；$\boldsymbol{D_1}$—内螺纹小径；$\boldsymbol{d_1}$—外螺纹小径；**P**—螺距；**H**—原始三角形高度

(3) 螺纹直径

公称直径：代表螺纹尺寸的直径，是指螺纹大径的基本尺寸；

外螺纹大径(d)也称外螺纹顶径，外螺纹小径(d_1)也称外螺纹底径；

内螺纹大径(D)也称外螺纹底径，内螺纹小径(D_1)也称外螺纹顶径；

中径(d_2，D_2)是一个假想圆柱直径，该圆柱的素线通过牙型上沟槽和凸起宽度相等的地方。同规格的外螺纹中径和内螺纹中径公称尺寸相等。

(4) 螺距(P)

相邻两牙在中径线上对应两点的轴向距离，称为螺距。

(5) 螺纹升角(ψ)

在中径圆柱上，螺旋线的切线与垂直于螺纹轴线的平面之间的夹角，则

$$\tan\psi = \frac{P}{d_2}$$

5. 普通三角螺纹的计算

普通三角螺纹的计算见表 5-1-1。

表 5-1-1　三角螺纹计算方式

名　称		代　号	计算公式
外螺纹	牙型角	a	60°
	原始三角形高度	H	$H=0.866P$
	牙型高度	h	$h=5/8H=5/8\times0.866P\approx0.541\,3P$
	中径	d_2	$d_2=d-2\times3/8H=d-0.649\,5P$
	小径	d_1	$d_1=d-2h=d-1.082\,5P$

表 5-1-2　普通三角形外螺纹基本要素的计算公式及实例/mm

基本要素	计算公式	实例：求 M30×2 基本要素尺寸
牙型角(α)		
螺纹大径(d)		
牙型高度(h_1)		

任务 5.2　普通三角内螺纹加工

一、车三角形内螺纹的特点

车三角形内螺纹比车三角形外螺纹要困难些，主要是因为车削内螺纹时不易观察和测量，排屑和冷却条件也较差。加工内螺纹时，内螺纹刀刀杆受孔径大小和孔深的限制，使得刀具的刚性不足，增加了加工的难度。

二、普通三角形内螺纹孔径的确定

车普通三角形内螺纹时，内螺纹孔径车多大与工件材料性质、螺距大小有关。通常可按以下公式计算孔径 $D_{孔}$：

车削塑性金属时

$$D_{孔} = D - P$$

车削脆性金属时

$$D_{孔} \approx D - 1.05P$$

三、三角形内螺纹车刀的刃磨与安装

1. 三角形内螺纹车刀角度

三角形内螺纹车刀角度如图 5-2-1 所示。

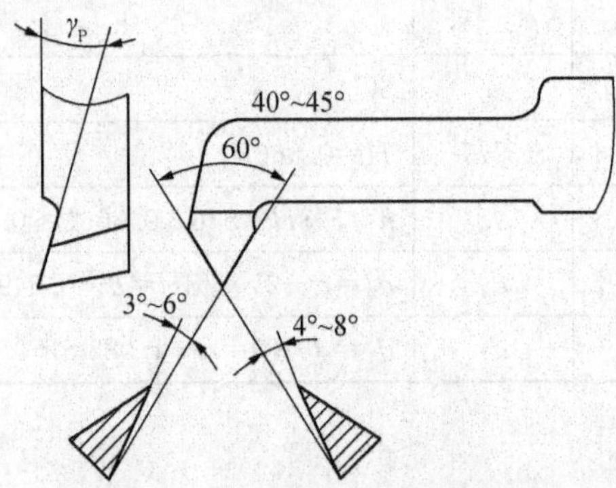

图 5-2-1　三角形内螺纹车刀角度

2. 三角形内螺纹车刀的刃磨步骤

三角形螺纹车刀的刃磨操作步骤见表 5-2-1。

表 5-2-1　三角形螺纹车刀的刃磨操作步骤

	步　骤	图　示
1	根据螺纹长度和牙型深度，刃磨出刀头和刀杆部分	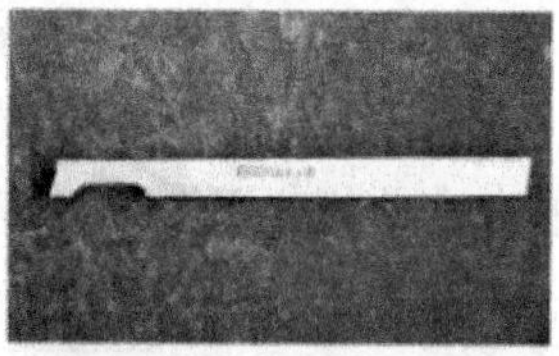
2	刃磨进给方向后刀面	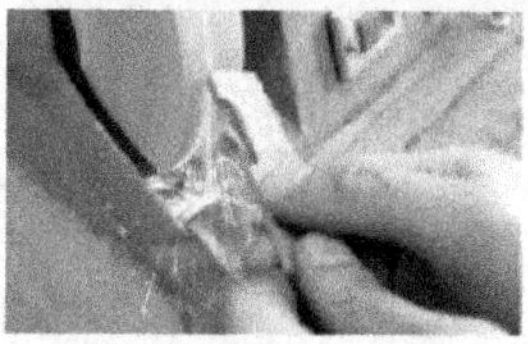
3	刃磨背进给方向后刀面，以初步形成两刀尖角	
4	刃磨前刀面，以形成前角	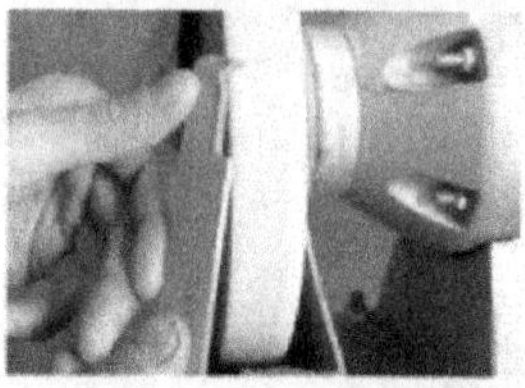
5	粗、精磨后刀面，并用螺纹车刀样板来测量刀尖角	
6	修磨刀尖	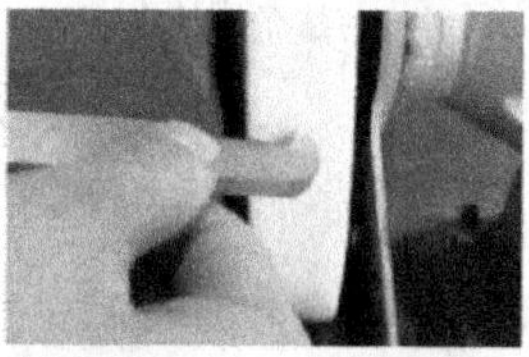
7	磨出径向后角，防止与螺纹顶径相碰(磨圆弧形，以形成两个后角)	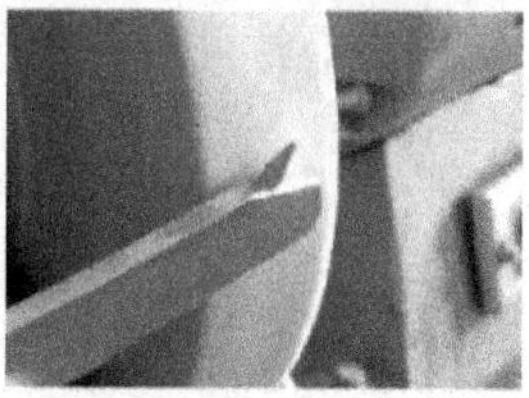

3. 三角形内螺纹车刀的安装

(1) 刀柄的伸出长度应大于内螺纹长度 10～20 mm；

(2) 刀尖应与工件轴心线等高。如果装得过高，车削时容易引起振动，使螺纹表面产生鱼鳞斑；如果装得过低，刀头下部会与工件发生摩擦，车刀切不进去。

(3) 应将螺纹对刀样板侧面靠平工件端面，刀尖部分进入样板的槽内进行对刀，如图 5-2-2(a)所示，同时调整并夹紧刀具。

(4) 装夹好的螺纹车刀应在底孔内手动试走一次，如图 5-2-2(b)所示，以防正式加工时刀柄和内孔相碰而影响加工。

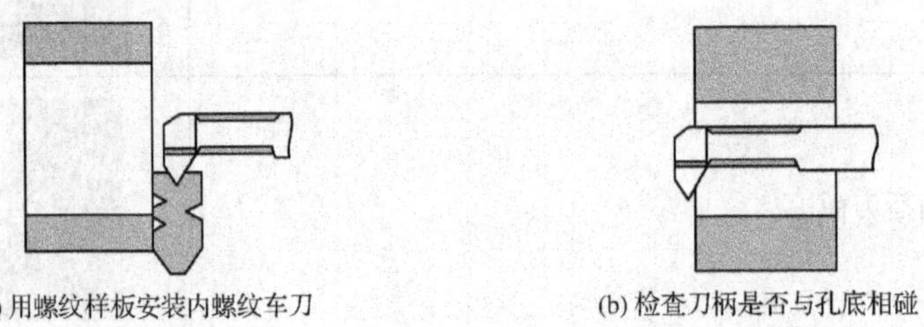

(a) 用螺纹样板安装内螺纹车刀　　(b) 检查刀柄是否与孔底相碰

图 5-2-2　三角形内螺纹车刀的安装

四、三角形内螺纹的检测

检测三角形内螺纹一般采用综合测量法。检测时，采用螺纹塞规测量，如图 5-2-3 所示。

如果螺纹塞规通端正好可旋入工件，而止端旋不进，说明加工的螺纹符合精度要求；反之，工件不合格。

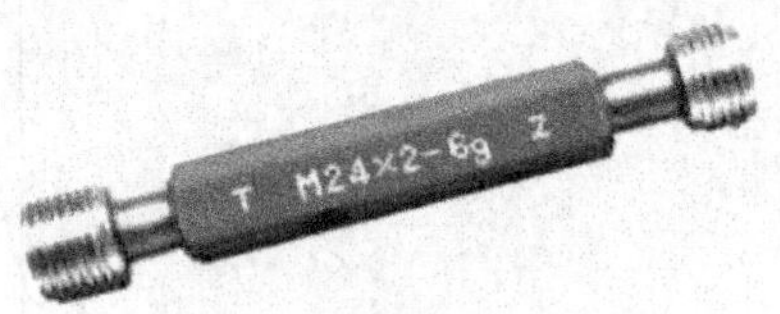

图 5-2-3　螺纹塞规

五、内螺纹加工

三角形内螺纹工件形状常见的有 3 种，即通孔、不通孔和台阶孔，如图 5-2-4 所示。其中，通孔内螺纹容易加工。在加工内螺纹时，由于车削的方法和工件形状的不同，因此，所选用的螺纹车刀也不相同。

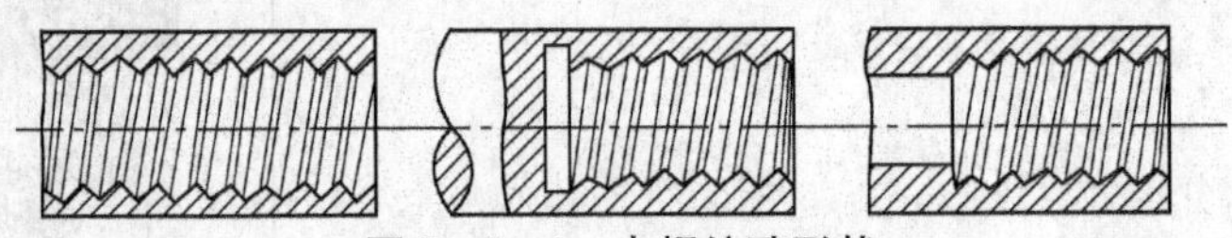

图 5-2-4　内螺纹孔形状

工厂中最常见的内螺纹车刀如图 5-2-5 所示。

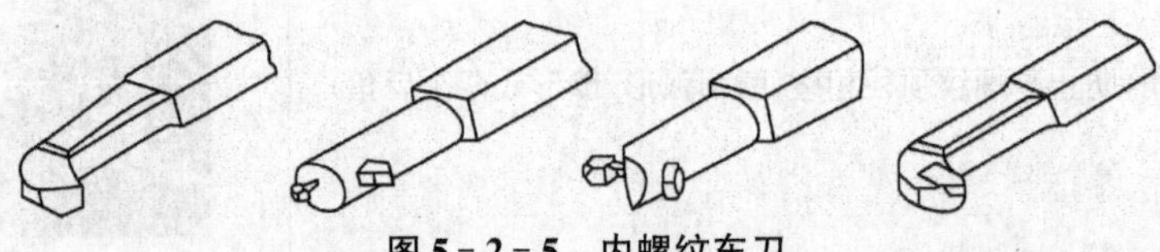

图 5-2-5　内螺纹车刀

1. 三角形内螺纹孔径的确定

在车内螺纹时，首先要钻孔或扩孔。孔径计算公式一般为

$$D_{孔} \approx d - 1.05P$$

2. 车通孔内螺纹的方法

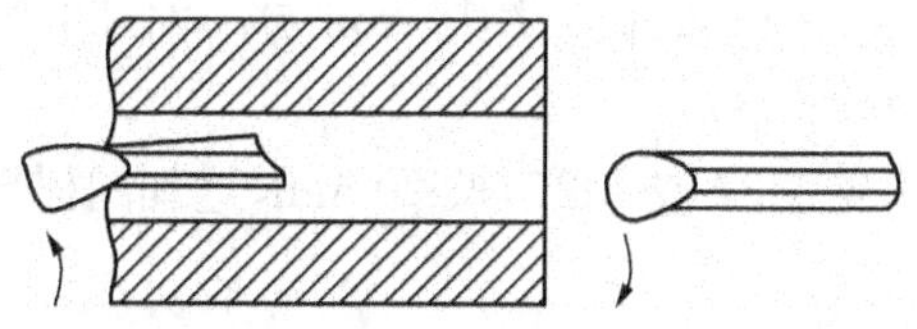

图 5-2-6　内螺纹车刀进退

(1) 车内螺纹前，先把工件的内孔、平面及倒角车好。

(2) 开车空刀练习进刀、退刀动作，车内螺纹时的进刀和退刀方向和车外螺纹时相反，如上图 5-2-6 所示。练习时，需在中滑板刻度圈上做好退刀和进刀记号。

(3) 进刀切削方式和外螺纹相同，螺距小于 1.5 mm 或铸铁螺纹采用直进法；螺距大于 2 mm采用左右切削法。为了改善刀杆受切削力变形，它的大部分余量应先在尾座方向上切削掉，后车另一面，最后车螺纹大径。车内螺纹时，目测困难，一般根据观察排屑情况进行左右赶刀切削，并判断螺纹的表面粗糙度。

3. 车盲孔或台阶孔内螺纹

(1) 车退刀槽，它的直径应大于内螺纹大径，槽宽为 2～3 个螺距，并与台阶平面切平。

(2) 选择盲孔车刀。

(3) 根据螺纹长度加上 1/2 槽宽在刀杆上做好记号，作为退刀、开合螺母起闸之用。

(4) 车削时，中滑板手柄的退刀和开合螺母起闸的动作要迅速、准确、协调，保证刀尖在槽中退刀。

(5) 切削用量和切削液的选择和车外三角螺纹时相同。

4. 看生产实习图和确定练习件的加工步骤

(1) 轴套一其加工步骤(见图 5-2-7)

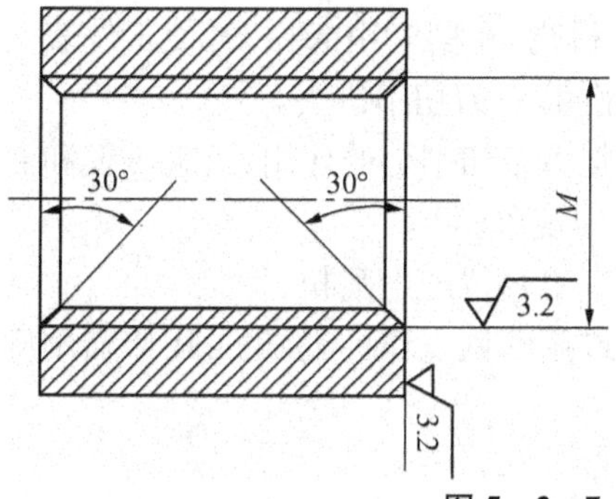

次　数	M/mm
1	M45×2
2	M48×2
3	M53×2
4	M56×2 左
5	M60×2 左

图 5-2-7　轴套一

① 夹住外圆，找正平面。

② 粗、精车内孔 $\phi 42.83^{+0.375}_{0}$ mm。

③ 两端孔口倒角 30°,宽 1 mm。

④ 粗、精车 M45×2 内螺纹,达到图样要求。

⑤ 以后各次练习,应先计算底孔直径。

(2) 轴套二其加工步骤(见图 5-2-8)

① 夹住外圆,找正平面。

② 粗、精车内孔 $\phi 17.3^{+0.45}_{0}$ mm 或 $\phi 20.75^{+0.5}_{0}$ mm 或 $\phi 24.83^{+0.375}_{0}$ mm。

③ 两端孔口倒角 30°,宽 1 mm。

④ 粗、精车内螺纹 M20 或 M24 或 M27,长 20 mm,达到图样要求。

⑤ 检查。

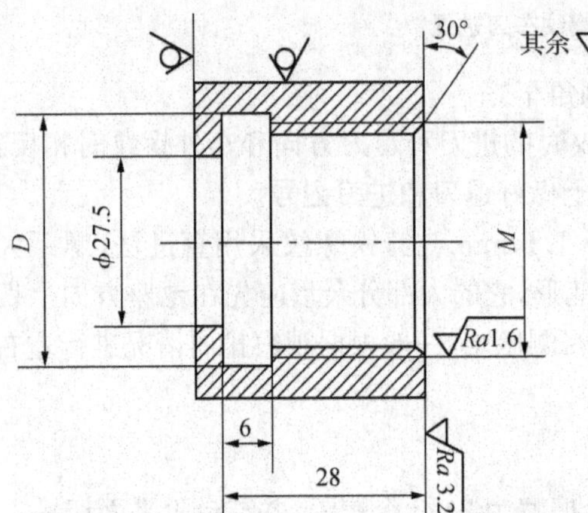

次　数	M/mm	D/mm
1	M30×2	φ31
2	M33×1.5	φ34
3	M36×2	φ37

图 5-2-8　轴套二

六、容易产生的问题和注意事项

(1) 内螺纹车刀的两刃口要刃磨平直,否则会使车出的螺纹牙型侧面相应不直,影响螺纹精度。

(2) 车刀的刀头不能太窄,否则螺纹已车到规定深度,可中径尚未到要求尺寸。

(3) 由于车刀刃磨不正确或装刀歪斜,会使车出的内螺纹一面正好用塞规拧进,另一面却拧不进或配合过松。

(4) 车刀刀尖要对准工件中心,如车刀装得高,车削时引起振动,使工件表面产生鱼鳞斑现象;如车刀装得低,刀头下部会和工件发生摩擦,车刀切不进去。

(5) 内螺纹车刀刀杆不能选择得太细,否则由于切削力的作用,引起震颤和变形,出现"扎刀""啃刀""让刀"和发出不正常的声音和震纹等现象。

(6) 小滑板宜调整得紧一些,以防车削时车刀移位产生乱扣。

(7) 加工盲孔内螺纹,可在刀杆上作记号或用薄铁皮作标记,也可用床鞍刻度的刻线等来控制退刀,避免车刀碰撞工件而报废。

(8) 赶刀量不宜过多,以防精车时没有余量。

(9) 车内螺纹时,如发现车刀有碰撞现象,应及时对刀,以防车刀移位而损坏牙型。

(10) 内螺纹车刀要保持锋利,否则容易产生"让刀"。

(11) 因"让刀"现象产生的螺纹锥形误差(检查时,只能在进口处拧进几下),不能盲目地加大切削深度。这时，必须采用趟刀的方法，使车刀在原来的切刀深度位置，反复车削，直至全部拧进。

(12) 用螺纹塞规检查，应过端全部拧进，感觉松紧适当；止端拧不进。检查不通孔螺纹，过端拧进的长度应达到图样要求的长度。

(13) 车内螺纹过程中，当工件在旋转时，不可用手摸，更不可用棉纱去擦，以免造成事故。

七、任务实施

1. 任务布置

如图 5-2-9 所示，本任务是车三角形内螺纹。零件材料为 45 号钢，毛坯规格为 $\phi 50\times 80$ mm。

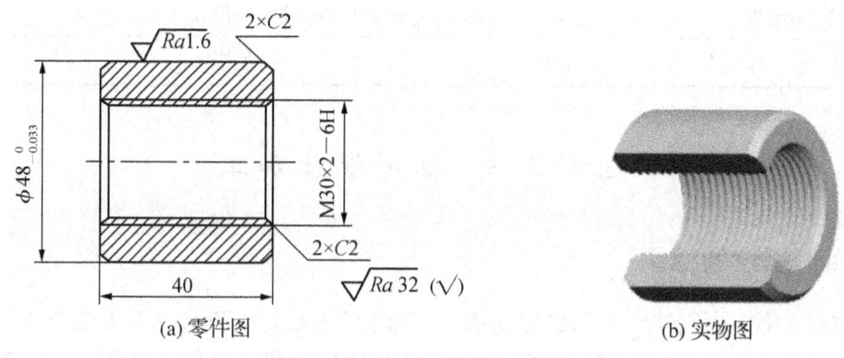

(a) 零件图　(b) 实物图

图 5-2-9　车三角形内螺纹

2. 任务要求

① 学会车削三角形内螺纹。

② 会测量三角形内螺纹。

3. 任务准备

① 工具：90°外圆车刀、45°外圆车刀、三角形内螺纹车刀等。

② 量具：游标卡尺、千分尺、划线盘、螺纹塞规、三针等。

③ 设备：车床。

④ 材料：工件。

4. 写出操作步骤

①

②

③

④

⑤

⑥

⑦

5. 任务考核

用车削三角形内螺纹评分表完成表 5-2-2 的内容。

表 5-2-2 车削三角形内螺纹评分表

序号	检测项目	配 分	评分标准	检测结果	得分
1	$\phi48_{-0.033}^{0}$, Ra 3.2	15/5	每超差 0.01 扣 2 分，每降一级扣 2 分		
2	螺纹小径 $\phi28$	6	超差不得分		
3	螺纹 M30×2-6H 用螺纹塞规检验，通端要通过，止端旋进不能超过 1/3。牙型两侧 Ra 3.2	20/10	每降低 10%扣 4 分，每降一级扣 4 分		
4	40、两侧 Ra 3.2	8/10	超差不得分，每降一级扣 2 分		
5	倒角、去毛刺 4 处	16	每处不符扣 4 分		
6	安全操作规程	30	按相关安全操作规程，酌情扣 1～10 分		
总分		100	总得分		

任务 5.3 梯形螺纹加工

一、梯形螺纹的标记

梯形螺纹的代号用字母“Tr”及“公称直径×螺距”表示，如 Tr40×7，Tr28×4 等。

梯形螺纹的完整标注包括螺纹代号、螺纹公差带代号和螺纹旋合长度代号。标注范例如下：

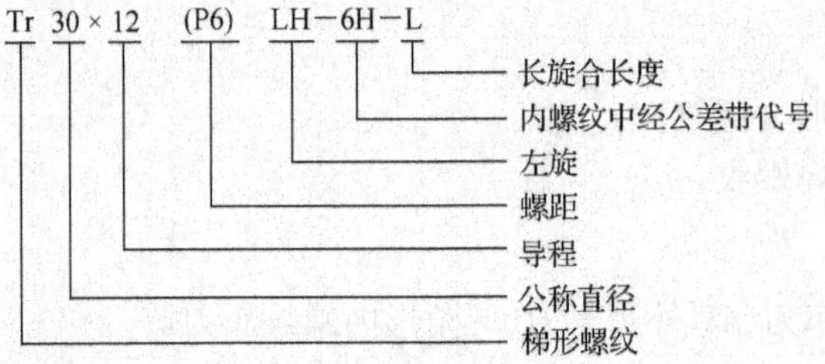

二、梯形螺纹的基本尺寸

梯形螺纹牙型如图 5-3-1 所示。

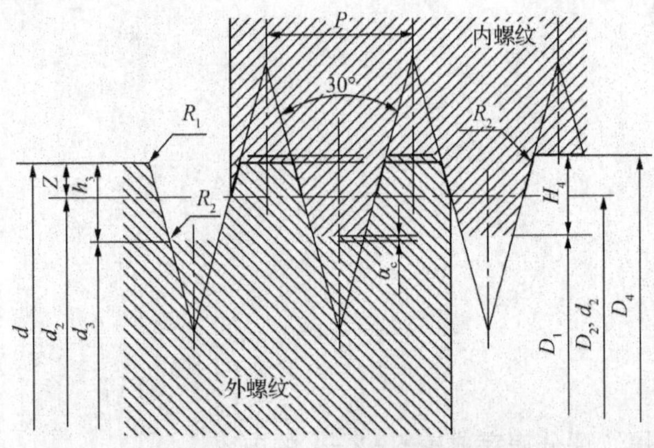

图 5-3-1 梯形螺纹牙型

三、梯形螺纹的尺寸计算

梯形螺纹各部分名称、代号及计算公式见表 5-3-1。

表 5-3-1　梯形螺纹各部分名称、代号及计算公式

<table>
<tr><th colspan="2">名　称</th><th>代　号</th><th colspan="4">计算公式</th></tr>
<tr><td colspan="2">牙型角</td><td>α</td><td colspan="4">$\alpha = 30°$</td></tr>
<tr><td colspan="2">螺距</td><td>P</td><td colspan="4">由螺纹标准确定</td></tr>
<tr><td colspan="2" rowspan="2">牙顶间隙</td><td rowspan="2">α_c</td><td>P</td><td>1.5～5</td><td>6～12</td><td>14～44</td></tr>
<tr><td>α_c</td><td>0.25</td><td>0.5</td><td>1</td></tr>
<tr><td rowspan="4">外螺纹</td><td>大径</td><td>d</td><td colspan="4">公称直径</td></tr>
<tr><td>中径</td><td>d_2</td><td colspan="4">$d_2 = d - 0.5P$</td></tr>
<tr><td>小径</td><td>d_3</td><td colspan="4">$d_3 = d - 2h_3$</td></tr>
<tr><td>牙高</td><td>h_3</td><td colspan="4">$h_3 = 0.5P + \alpha_c$</td></tr>
<tr><td rowspan="4">内螺纹</td><td>大径</td><td>D_4</td><td colspan="4">$D_4 = d + 2\alpha_c$</td></tr>
<tr><td>中径</td><td>D_2</td><td colspan="4">$D_2 = d_2$</td></tr>
<tr><td>小径</td><td>D_1</td><td colspan="4">$D_1 = d - P$</td></tr>
<tr><td>牙高</td><td>H_4</td><td colspan="4">$H_4 = h_3$</td></tr>
<tr><td colspan="2">牙顶宽</td><td>f, f'</td><td colspan="4">$f = f' = 0.366P$</td></tr>
<tr><td colspan="2">牙槽底宽</td><td>W, W'</td><td colspan="4">$W = W' = 0.366P - 0.536\alpha_c$</td></tr>
</table>

四、高速钢梯形螺纹车刀的几何角度及刃磨要求

1. 梯形外螺纹车刀

车梯形外螺纹时，径向切削力较大，为了减小切削力，螺纹车刀也应分为粗车刀和精车刀两种。

（1）高速钢梯形螺纹粗车刀

高速钢梯形螺纹粗车刀如图 5-3-2 所示。在加工中，采用左右切削并留有精车余量，刀尖角应小于牙型角，刀尖宽度应小于牙型槽底宽 W。

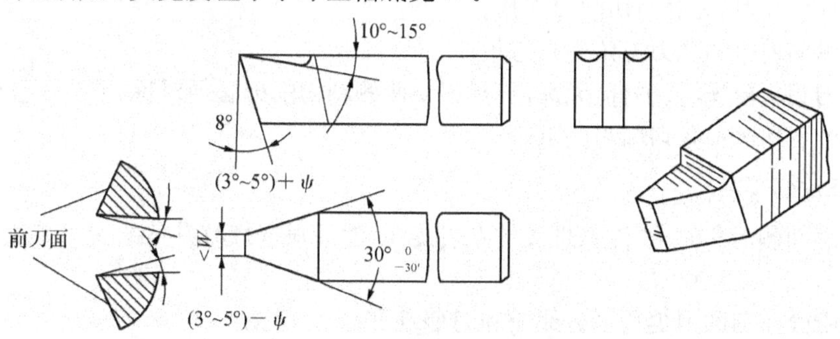

图 5-3-2　高速钢梯形螺纹粗车刀

(2) 高速钢梯形螺纹精车刀

高速钢梯形螺纹精车刀如图 5-3-3 所示。车刀的径向前角为 0°,两侧切削刃之间的夹角等于牙型角。

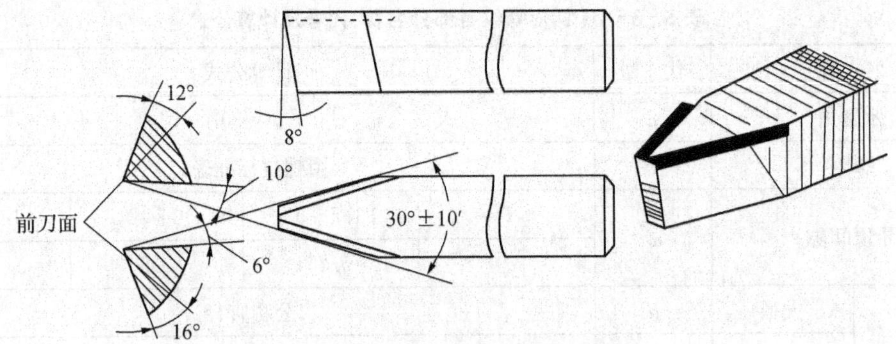

图 5-3-3 高速钢梯形螺纹精车刀

为了保证两侧切削刃切削顺利,在两侧都磨有较大前角($\gamma_0=10°\sim16°$)的卷屑槽,但车削时,车刀的前端不能参加切削,只能精车牙侧。

2. 梯形内螺纹车刀

梯形内螺纹车刀如图 5-3-4 所示。它与三角形内螺纹车刀基本相同,只是刀尖角为 30°。

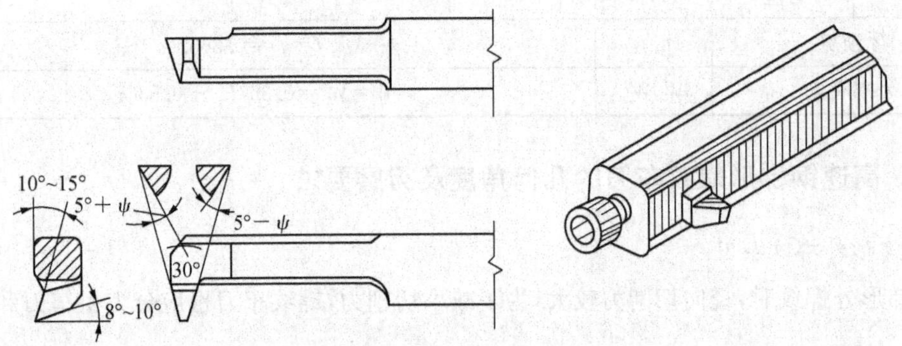

图 5-3-4 梯形内螺纹车刀

3. 刃磨要求

(1) 用样板校对,刃磨两切削刃夹角。

(2) 由纵向前角的两刃夹角进行修正。

(3) 车刀刃口要光滑、平直、无爆口(虚刀),两侧副切削刃必须对称,刀头不歪斜。

(4) 用油石研磨掉各切削刃的毛刺。

4. 刃磨注意事项

(1) 刃磨两侧后角时,要注意螺纹的左右旋向,然后根据螺纹升角的大小来决定两侧后角的数值。

(2) 内螺纹车刀的刀尖角平分线应和刀柄垂直。

(3) 刃磨高速钢车刀时，应随时放入水中冷却，以防退火。

五、梯形螺纹的测量

1. 综合测量法

用标准梯形螺纹环规、塞规综合测量。

2. 三针测量法

这种方法是测量外螺纹中径的一种比较精密的方法。它适用于测量一些精度要求较高，螺纹升角小于4°的螺纹工件。测量时，把3根直径相等的量针放置在螺纹相对应的螺旋槽中，用千分尺量出两边量针顶点之间的距离M，如图5-3-5所示。

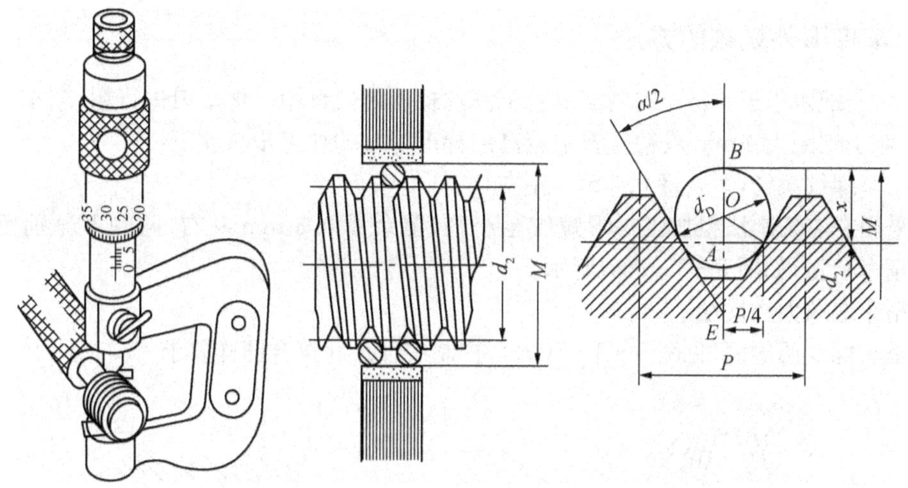

图5-3-5　三针测量螺纹中径

表5-3-2　M值及量针直径的公式

螺纹牙型角	M计算公式	钢针直径d_D		
		最大值	最佳值	最小值
29°(英制蜗杆)	$M=d_2+4.994d_D-1.933P$		$0.516P$	
30°(梯形螺纹)	$M=d_2+4.864d_D-1.866P$	$0.656P$	$0.518P$	$0.486P$
40°(蜗杆)	$M=d_1+3.924d_D-4.316m_x$	$2.446m_x$	$1.675m_x$	$1.61m_x$
55°(英制螺纹)	$M=d_2+3.166d_D-0.961P$	$0.894P\sim0.029$	$0.564P$	$0.481P\sim0.016$
60°(普通螺纹)	$M=d_2+3d_D-0.866P$	$1.01P$	$0.577P$	$0.505P$

3. 单针测量法

这种方法的特点是只需使用一根测量针放置在螺旋槽中，用千分尺量出螺纹大径与量针顶点之间的距离A，如图5-3-6所示。

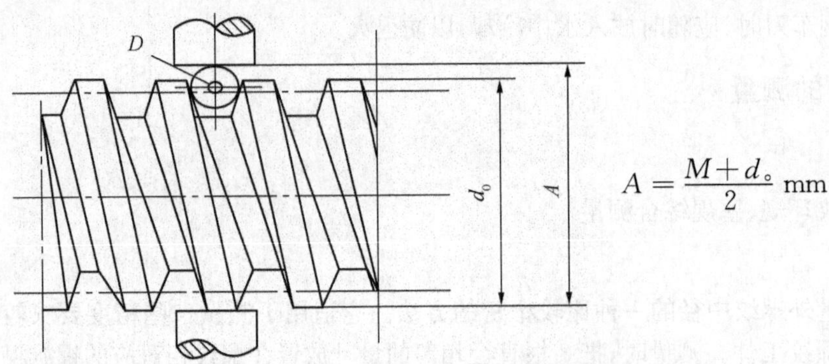

图 5-3-6　单针测量法

六、车梯形外螺纹的方法

(1) 对于螺距小于 4 mm 或精度要求不高的梯形螺纹可用一把车刀进行粗、精车。

(2) 对于螺距大 4 mm 或精度要求较高的梯形螺纹的加工步骤如下：

① 粗车螺纹大径，留余量 0.3 mm 左右。

② 采用左右切削法粗加工梯形螺纹至小径，留余量 0.3 mm 左右，两侧面分别留 0.2～0.3 mm精车余量，如图 5-3-7(a)所示。

③ 精车螺纹大径尺寸。

④ 精车螺纹两侧面(见图 5-3-7(b))，控制中径尺寸符合图样要求。

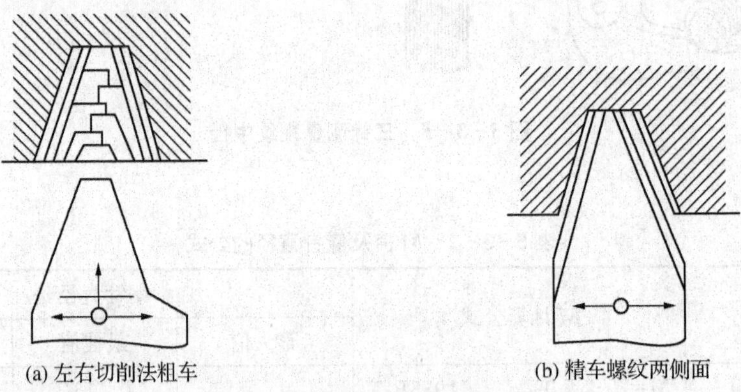

(a) 左右切削法粗车　　(b) 精车螺纹两侧面

图 5-3-7　车梯形外螺纹的方法

七、车梯形内螺纹的方法

车梯形内螺纹进退刀的方法与车三角形内螺纹基本相同。要求先采用左右借刀法加工至内螺纹底径后，中滑板每次进刀时就固定在某一切削的深度，仅左右移动小滑板借刀，直至将梯形内螺纹中径加工合格。

八、车梯形螺纹的注意事项

(1) 安装梯形外螺纹车刀时，应使用螺纹角度样板对刀，螺纹车刀角平分线应垂直于工件轴线，这样可使牙型半角对称、相等，如图 5-3-8 所示。

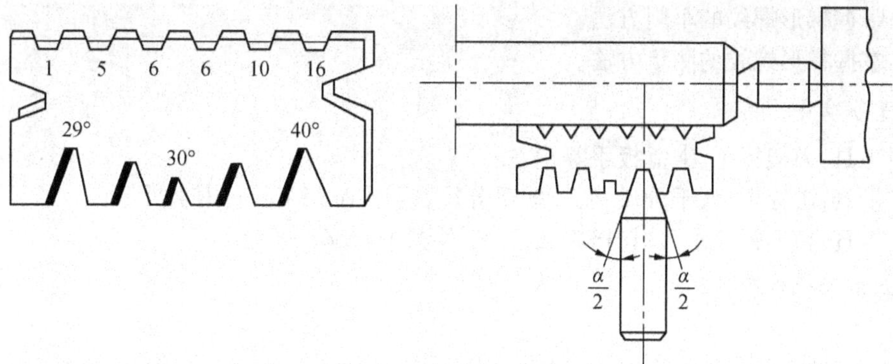

图 5-3-8　梯形外螺纹车刀的安装

(2) 粗车外圆时,应检查工件是否会产生锥度。

(3) 梯形外螺纹车刀两侧切削刃应平直,精车时要求车刀切削刃保持锋利。

(4) 加工时,为防止开合螺母抬起,应在开合螺母手柄上挂一重物。

(5) 车梯形外螺纹时,要避免3条刀刃同时参与切削,以防发生"扎刀"现象。

(6) 精车时,为减小表面粗糙度值,应降低切削速度和减少背吃刀量。

(7) 车梯形内螺纹的进给和退刀方向与车梯形外螺纹方向相反,尽可能利用刻度盘控制退刀,以防刀杆与孔壁相碰。

(8) 梯形内螺纹车刀的两侧切削刃应该刃磨平直,应使用对刀样板找正装夹梯形内螺纹车刀。

(9) 小滑板应调整得紧一些,以防车削时车刀移位产生乱牙现象。

九、任务实施

1. 任务布置

完成如图5-3-9所示工件的车削加工。

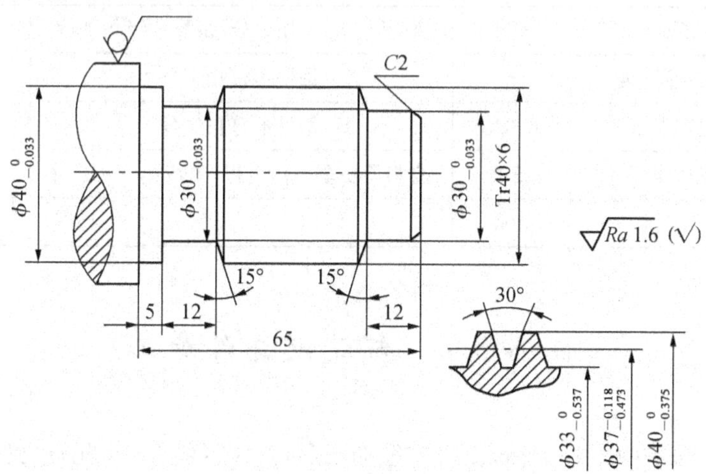

图 5-3-9　车梯形外螺纹

2. 任务要求

(1) 掌握梯形螺纹车刀的刃磨。

(2) 掌握梯形螺纹的车削方法。

(3) 掌握梯形螺纹的测量方法。

3. 任务准备

(1) 工具:刀架扳手、卡盘扳手等。

(2) 量具:游标卡尺、千分尺、公法线千分尺、钢针(ϕ3.1 mm)、钢直尺等。

(3) 刀具:梯形螺纹车刀、切槽刀、90°、45°外圆车刀等。

4. 写出操作步骤

(1)

(2)

(3)

(4)

(5)

(6)

5. 任务考核

表 5-3-3 车梯形外螺纹加工的考核评价表

序号	检测项目	配 分	标 准	检测结果	得 分
1	$\phi40_{-0.033}^{0}$,*Ra* 1.6	6/4	每超差 0.01 扣 3 分,每降一级扣 2 分		
2	$\phi40_{-0.033}^{0}$,*Ra* 1.6	4/4	超差不得分,每降一级扣 2 分		
3	$\phi37_{-0.0473}^{-0.0118}$,两侧 *Ra* 1.6	20/16	每超差 0.01 扣 5 分,每降一级扣 2 分		
4	$\phi33_{-0.537}^{0}$	4	超差不得分		
5	梯形螺纹牙型 30°	5	不符不得分		
6	$\phi33_{0.033}^{0}$,*Ra* 1.6	6/4	每超差 0.01 扣 3 分,每降一级扣 2 分		
7	倒角、去毛刺 5 处	5	每处不符扣 1 分		
8	12(2 处),5,65	6/3/3	每处不符扣 3 分		
9	安全操作规程	30	按相关安全操作规程,酌情扣 1~10 分		
合计		100			

任务 5.4 螺纹配合件加工

螺纹配合件是由内螺纹和外螺纹工件经加工后,按图样组合(装配)达到一定的精度。它需要每个组件都符合加工要求,车削配合工件也是操作者技能的综合运用。

一、车削螺纹配合工件的关键技术

(1) 合理编制加工工艺方案。

（2）正确选择和准确加工基准件。

（3）认真进行配合件的配车和配研。

二、制订配合工件加工工艺方案的要点

（1）先车削基准件，然后根据装配关系的顺序依次车削配合工件中的其余工件。

（2）根据各工件的技术要求和结构特点，以及配合工件装配的技术要求，分别制订各工件的加工工艺、加工顺序。通常，应先加工基准表面，后加工其他表面。

三、车削基准工件时注意事项

（1）对于影响配合工件配合精度的各个尺寸，应尽量加工至两极限尺寸的中间值，且加工误差应控制在图样允许误差 1/2；各表面的形状和位置误差应尽可能小。

（2）有偏心配合时，偏心部分的偏心方向应一致，加工误差应控制在图样允许误差的 1/2，且偏心部分的轴线应平行于工件轴线。

（3）有螺纹配合时，螺纹应采用车削的方法进行加工，一般不允许使用圆板牙、丝锥加工，以防工件位移而影响工件的位置精度。对于螺纹中径尺寸，外螺纹应将其控制在最小极限尺寸范围内，内螺纹则应将其控制在最大极限尺寸范围内，使配合间隙尽量大些（最好以外螺纹与内螺纹进行配车）。

四、车削其他工件时的注意事项

（1）配合工件中的每个工件各表面应倒钝锐边，清除毛刺。

（2）其他工件一方面应按图样要求进行加工；另一方面应按已加工的基准工件及其他工件的实测结果相应调整，充分使用配车、配研、组装等加工手段，以保证组合件的装配精度要求。

五、任务描述

加工如图 5-4-1(a)(b)(c)(d)所示的 3 件组合训练件。

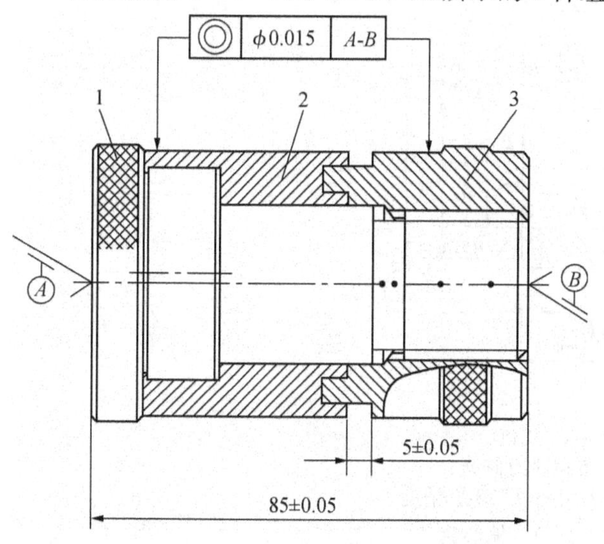

技术要求：
1. 各件未注公差尺寸按 IT13 级精度；
2. 去毛刺、倒角、润滑后装配；
3. 通过调整加工保证装配后的精度要求。

图 5-4-1(a)　3 件组合装配图

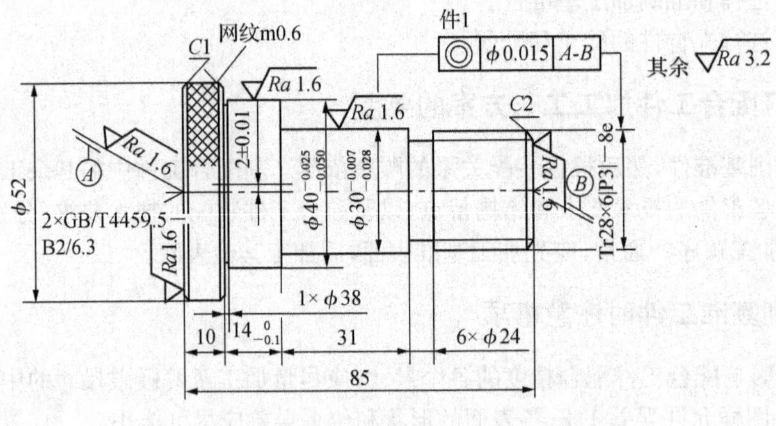

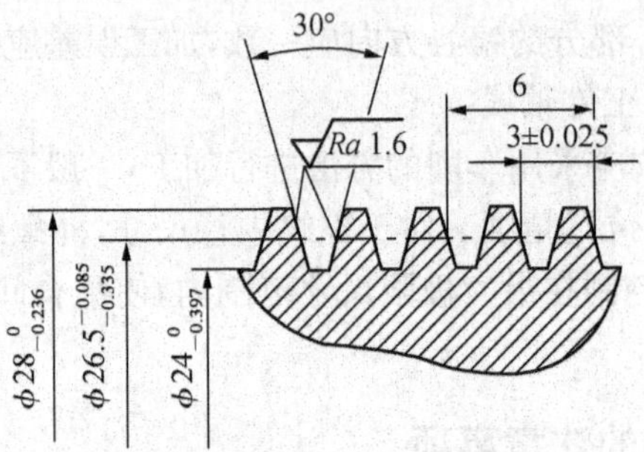

技术要求：

1. 未注倒角为C0.2；
2. 不许用砂布和锉刀修光；
3. 未注公差尺寸按IT13级精度。

图5-4-1(b)　螺钉轴

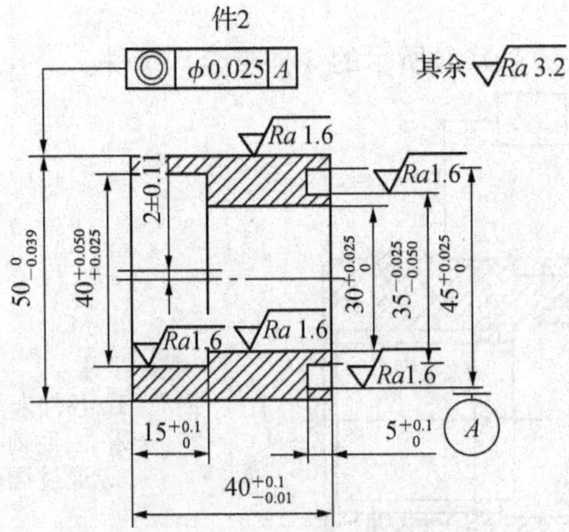

技术要求：

1. 未注倒角为C0.2；
2. 不许用砂布和锉刀修光；
3. 未注公差尺寸按IT13级精度。

图5-4-1(c)　偏心套

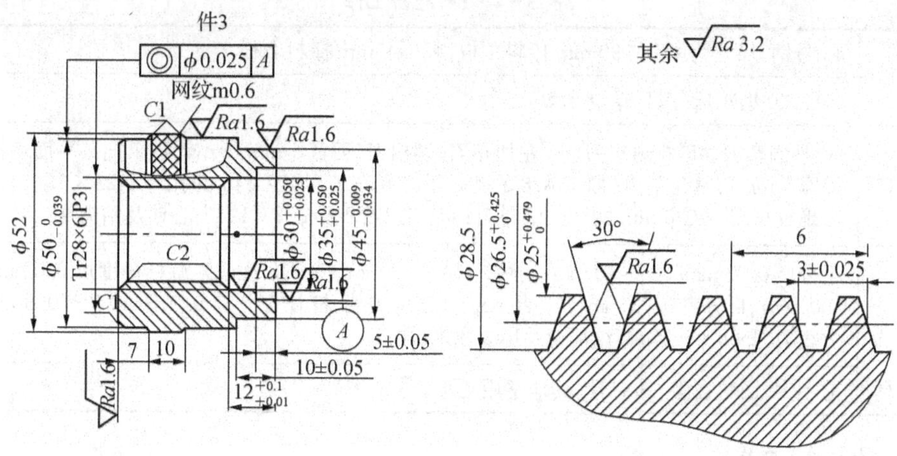

技术要求：

1. 未注倒角为 C0.2；
2. 不许用砂布和锉刀修光；
3. 未注公差尺寸按 IT13 级精度。

图 5-4-1(d)　内螺纹

1. 图样分析

这个套件由 3 个工件组成。件 2、件 3 装在件 1 上，件 2 与件 1 为偏心配合，件 3 与件 1 为内外圆及螺纹配合，件 2 与件 3 为内外圆配合。

装配后，要求件 2、件 3 两端面轴向间隙为 5±0.05 mm，件 1、件 2 和件 3 这 3 个工件的总长为 85±0.05 mm，件 2 工件上 $\phi 50_{-0.039}^{0}$ 外圆和件 3 工件上 $\phi 50_{-0.039}^{0}$ 外圆相对于件 1 两端中心孔轴线圆跳动允差为 0.015 mm。

2. 加工路线描述

加工件 2 上的平面槽时，需用件 3 相应的内外圆进行检验和试切；而加工件 3 上的内螺纹时，需用件 1 进行检验和试切；因此，应首先加工基准件 1，其次是件 3，最后是件 2。

3. 工艺分析

(1) 件 1 中 $\phi 30_{-0.028}^{-0.007}$ 的外圆与 Tr28×6(P3)外螺纹的中径、件 3 中 $\phi 35_{+0.025}^{+0.050}$ mm 的内孔与 Tr28×6(P3)内螺纹的中径均有较高的位置精度要求。因此，加工这两个工件的上述部位时，应在一次装夹中加工完成。

(2) 该组合工件装配后位置精度要求较高，而且精加工件 2 上的 $\phi 50_{-0.039}^{0}$ mm 的外圆时需用心轴装夹，否则不能在一次进给中完成加工，所以件 2 和件 3 上的 $\phi 50_{-0.039}^{0}$ mm 的外圆应留有一定余量，待组装后再进行精加工。

(3) 要保证装配尺寸(5±0.05)mm 符合要求，必须将件 2 端面槽深度尺寸控制在(5±0.025)mm 以内，并且将件 3 的长度尺寸(10±0.05)mm 控制在(10±0.025)mm 以内。

六、加工步骤

1. 准备工作(见表 5-4-1)

表 5-4-1 准备工作

材 料	45 号钢,尺寸为 $\phi55\times90$ mm 棒料 1 根,$\phi55\times45$mm 棒料 2 根
设备	CA6140 型车床(四爪单动卡盘)
刀具、刃具	90°外圆车刀、45°外圆车刀、90°左切车刀、切槽刀(刃宽 1 mm,5 mm 各 1 把)、平面切槽刀(刀刃宽 5 mm)、通孔车刀(加工 $\phi28$ 的孔)、不通孔车刀(加工 $\phi40$ 的孔)、Tr28×6(P3)内、外梯形螺纹车刀、m0.6 mm 的网纹滚花刀;麻花钻($\phi22$ 及 $\phi28$)、B3 中心钻及钻夹头
量具	千分尺 0.01 mm/(25~50 mm)、游标卡尺 0.02 mm/(0~150 mm)、游标深度尺 0.02 mm/(0~200 mm)、百分表 0.01 mm/(0~10 mm)及磁力表架、杠杆百分表 0.01 mm/(0~0.8 mm)及磁力表架、Tr28×6(P3)螺纹环规及螺纹塞规、样板
工具、辅具	前顶尖、回转顶尖、钻夹具、其他常用工具

2. 操作步骤(见表 5-4-2)

表 5-4-2 操作步骤

工序	加工内容	工序简图
	件 1	
1	夹毛坯,校正、夹紧 1. 车平面(车平即可) 2. 钻中心孔 B3/6.3	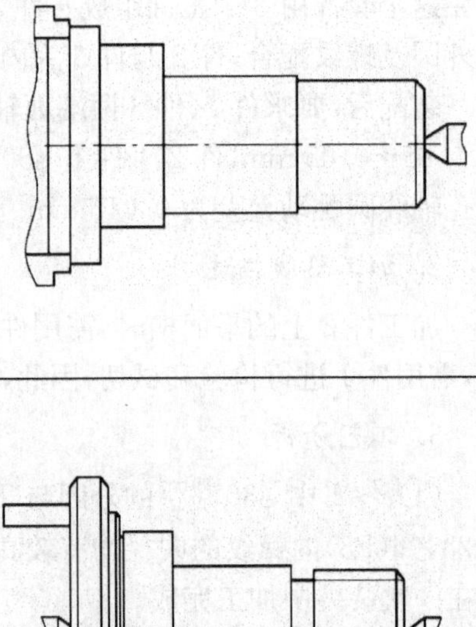
2	调头装夹工件 1. 车平面,保证总长 85 mm 2. 钻中心孔 B3/6.3 3. 车一定位台阶 $\phi53\times5$ mm	
3	一夹一顶装夹(夹定位台阶),校正、夹紧粗车 $\phi40_{-0.050}^{-0.025}$ mm,$\phi30_{-0.028}^{-0.007}$mm 和 $\phi28_{-0.236}^{0}$ mm 外圆至 $\phi46$,$\phi32$,$\phi30$,长度均留 1 mm	
4	调头一夹一顶装夹,校正、夹紧粗、精车 $\phi52_{-0.4}^{-0.3}$外圆至尺寸要求,滚 M0.6 mm 网纹花,倒角 C1 mm	
5	调头,两顶尖装夹工件 1. 车 $\phi52$ 外圆内端面,保证长度 10mm 2. 精车 $\phi30_{-0.028}^{-0.007}$mm 和梯形螺纹外径 $\phi28$ 至尺寸要求,并保证长度尺寸 $14_{-0.1}^{0}$mm,31mm 至尺寸要求 3. 切退刀槽 $6\times\phi24$ 4. 倒角 C2 5. 粗、精车 Tr28×6(P3)-8e 至图样要求 6. 锐角倒钝、倒角 C1	
	操作提示:要注意使长度尺寸的设计基准与测量基准重合	

（续表）

工序	加工内容	工序简图
6	夹 $\phi30_{-0.028}^{-0.007}$ mm 外圆（垫铜皮），用百分表校正偏心距2±0.01 mm 的外圆 1. 精车 $\phi40_{-0.050}^{-0.025}$ 外圆至尺寸要求 2. 锐角倒钝	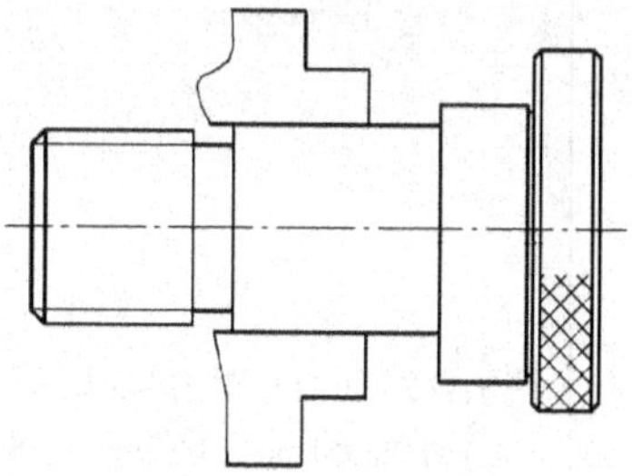
	件 3	
1	夹毛坯外圆，校正、夹紧 1. 车平面（车平即可） 2. 粗车 $\phi50_{-0.039}^{0}$ 外圆至 $\phi52$，长约 20 mm	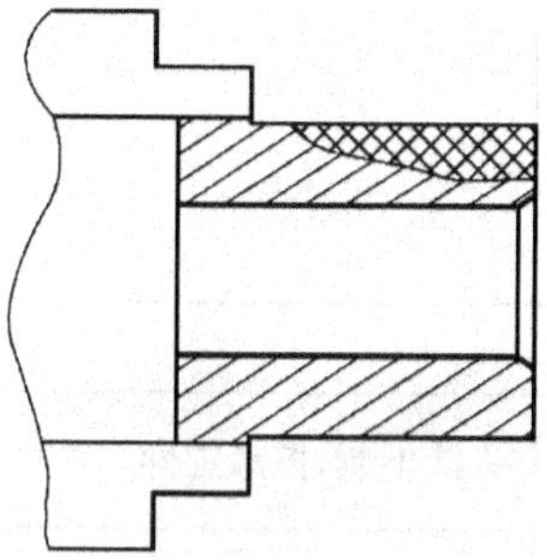
2	调头，夹 $\phi52$ 外圆，校正、夹紧 1. 车平面，总长留 1 mm 余量 2. 车滚花外圆 $\phi52_{-0.4}^{-0.3}$ 至尺寸要求 3. 滚 m0.6 mm 网纹花 4. 钻 $\phi22$ 通孔 5. 内孔预倒角 C3	
3	调头，夹滚花外圆（垫铜皮），校正、夹紧 1. 车平面，保证总长 40 mm 至尺寸要求 2. 粗车 $\phi45_{-0.034}^{-0.009}$ 外圆、$\phi30_{+0.025}^{+0.050}$ 和 $\phi35_{+0.025}^{+0.050}$ 内孔，均留 2 mm 余量，长度留 1 mm 余量 3. 精车内螺纹小径至尺寸要求 4. 倒角 C2 5. 粗、精车梯形内螺纹（用件 1 外螺纹配车） 6. 精车 $\phi45_{-0.034}^{-0.009}$ 外圆、$\phi30_{+0.025}^{+0.050}$ 和 $\phi35_{+0.025}^{+0.050}$ 内孔至尺寸要求，并保证长度尺寸 10±0.05 mm，$12_{0}^{+0.1}$ mm，5±0.05 mm，锐角倒钝 操作提示：加工 12 mm 内孔长度时，要防止内螺纹第一个牙侧倒，影响配合	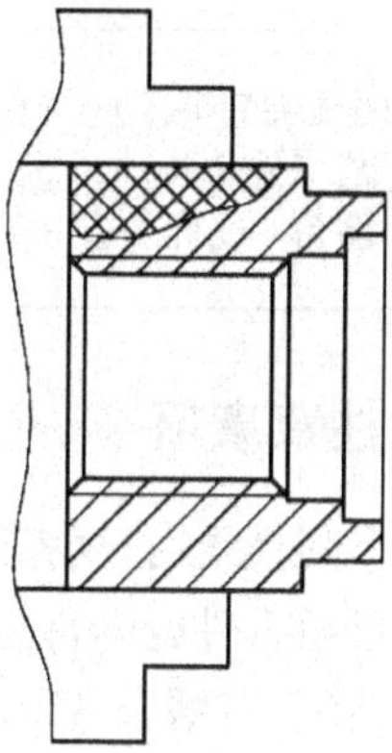
	件 2	
1	夹毛坯外圆，校正、夹紧 1. 车平面（车平即可） 2. 粗车 $\phi50_{-0.039}^{0}$ 外圆至 $\phi52$ 3. 钻 $\phi28$ 通孔	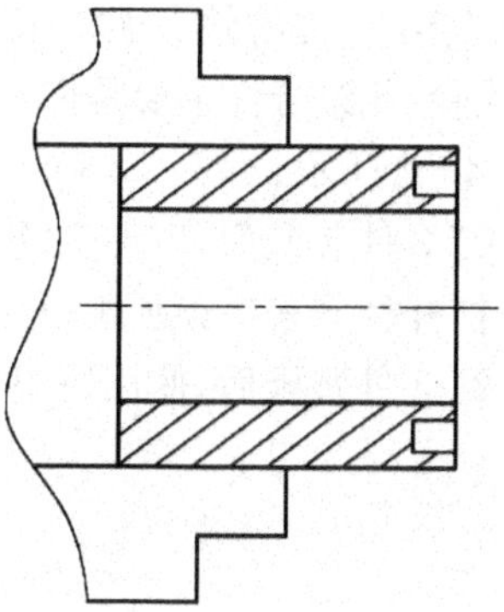
2	调头，夹 $\phi52$ 外圆，校正 1. 车平面，总长留 1 mm 余量 2. 车毛坯外圆至 $\phi52$（至接刀处） 3. 车端面槽保证 $\phi45_{0}^{+0.025}$，$\phi35_{-0.050}^{-0.025}$ 至图样要求 4. 精车 $\phi30_{0}^{+0.025}$ 内孔至尺寸要求，锐角倒钝 操作提示：为能保证下一步工序装夹、校正的准确，$\phi52$ 外圆接刀质量要高	

（续表）

工序	加工内容	工序简图
3	调头，校正（偏心距为 2±0.01 mm）、夹紧 1. 车平面，保证总长 $40^{+0.1}_{0}$ mm 2. 车削偏心内孔 $\phi40^{+0.050}_{+0.025}$ 至尺寸要求，锐角倒钝	
	装配，精车件 2、件 3 外圆	
1	去除毛刺，擦净工件	
2	按件 1→件 2→件 3 的顺序装配工件	
3	用两顶尖装夹工件 1. 精车件 2 及件 3 $\phi50_{-0.039}^{0}$ 外圆至尺寸要求 2. 倒角 C1（件 3 有 3 处），锐角倒钝	

七、注意事项

（1）车削螺纹时，两条螺旋槽应统一进行粗车及精车。

（2）各组合件配合部分一定要配车。

（3）装配后，精车 $\phi50_{-0.039}^{0}$ 外圆进刀深度不宜太深。

八、主要位置精度检验

本套组合件的件 1、件 2 及件 3 的基本尺寸、精度检验不再赘述，仅介绍装配后的尺寸和精度检验，此组合件主要是件 2、件 3 装配在件 1 上后，件 2、件 3 外围的圆跳动和端面距离，如图 5-4-2 所示。

（1）3 件装配后，以件 1 两端中心孔为基准（两顶尖装夹），使用百分表（垂直被检工件表面）或杠杆百分表检验圆跳动允差 0.015 mm。

（2）3 件装配后，使用块规检验件 2 与件 3 端面距离 5±0.05 mm。

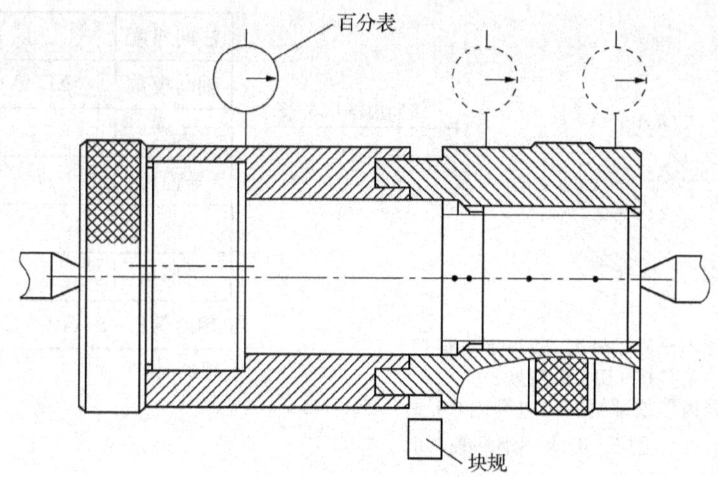

图 5－4－2　装配后检验图

九、任务实施

1. 任务内容

加工如图 5－4－3—图 5－4－7 所示的 4 件组合训练件。

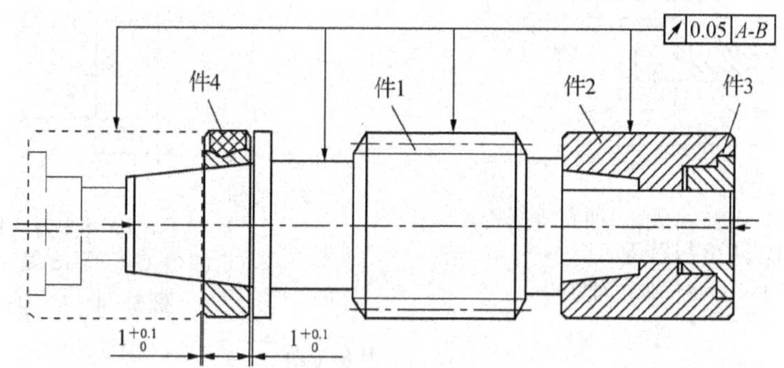

技术要求：

1. 去毛刺、倒角、润滑后装配；
2. 各件未注公差尺寸按 IT13 级精度；
3. 件 2 与件 1 锥面配合接触面大于 70%。

图 5－4－3　四件组合装配图

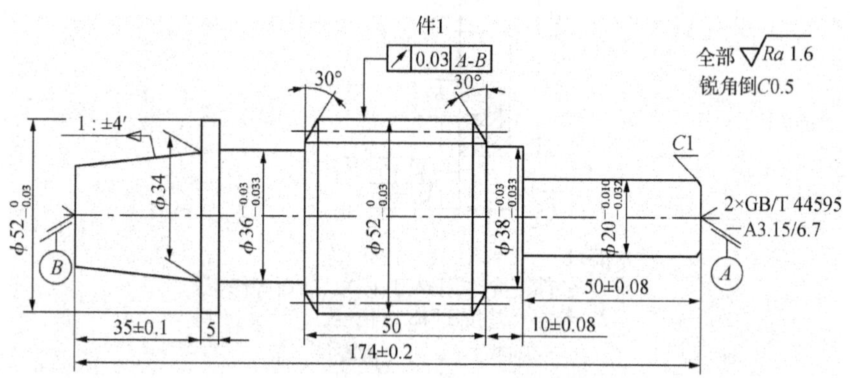

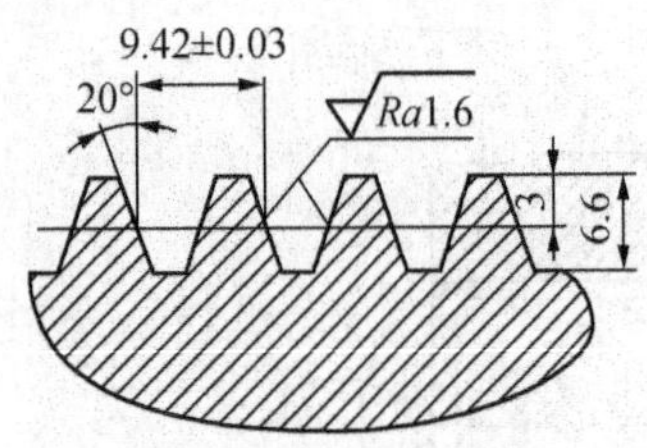

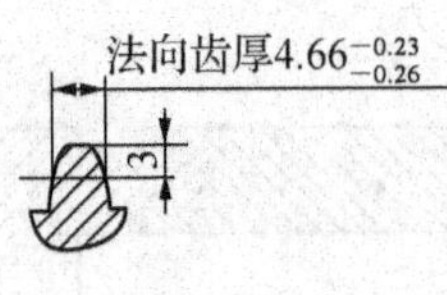

法向厚度		$4.66^{-0.23}_{-0.26}$
轴向模数	M_x	3
头数		2
导程角	γ	6°42′36″
旋向		右
齿形角	α	20°
精度等级	8f GB/T 10089—1998	

技术要求：

1. 各部不允许用锉刀、砂布等修整；
2. 未注公差按 IT13 级精度；
3. 蜗杆齿形顶部两侧锐边倒钝 C0.3。

图 5-4-4　蜗杆轴

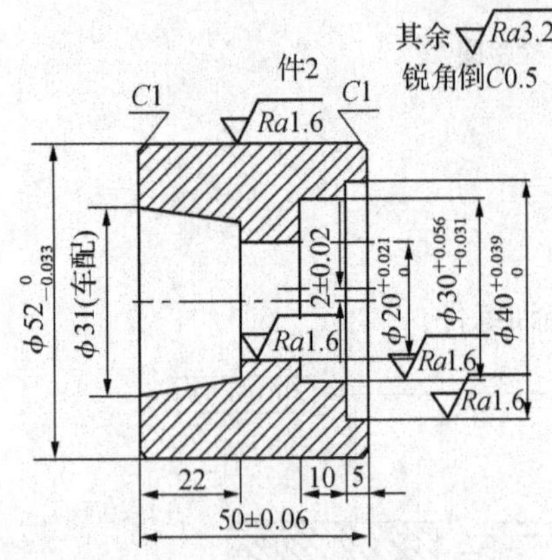

技术要求：

1. 各部不允许用锉刀、砂布、油石等修正；
2. 未注公差按 IT13 级精度。

图 5-4-5　偏心锥套

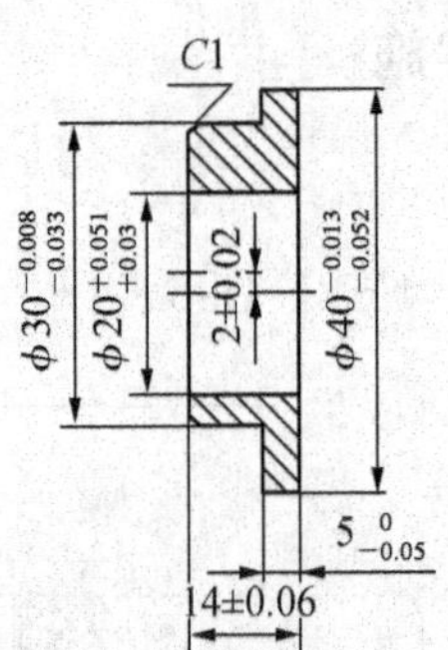

技术要求：

1. 各部不允许用锉刀、砂布、油石等修正；
2. 未注公差按 IT13 级精度。

图 5-4-6　偏心套

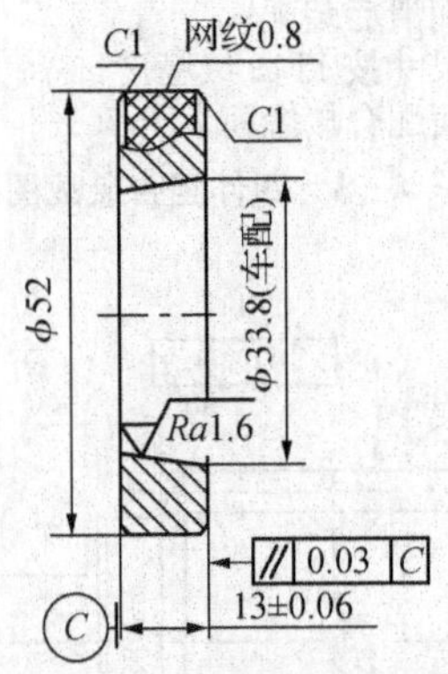

技术要求：

1. 各部不允许用锉刀、砂布、油石等修正；
2. 未注公差按 IT13 级精度。

图 5-4-7　锥套

2. 任务准备

(1) 材料:45＃钢,ϕ55×176 mm,ϕ55×92 mm 各一根棒料。

(2) 设备:CA6140 型车床(四爪单动卡盘)。

(3) 刀具、刃具:90°外圆车刀、45°车刀、ϕ18×55 mm 内孔车刀、ϕ25×35 mm 内孔车刀、5×10 mm 切槽刀、蜗杆(轴向模数为 3、头数 2)车刀;网纹为 m 0.8 的滚花刀、ϕ18 mm 钻头、中心钻 A3。

(4) 量具:游标卡尺 0.02 mm/(0～150 mm)、千分尺 0.01 mm/(0～25mm)、千分尺 0.01 mm/(25～50 mm)、千分尺 0.01 mm/(50～75 mm)、内径百分表 0.01 mm/(18～35 mm)、内径百分表 0.01mm/(35～50 mm)、0°～320°万能量角器(2′)、齿厚游标卡尺(0.02 mm)、百分表 0.01 mm/(0～10 mm)、磁力表架。

(5) 工具、辅具:莫氏锥套、钻夹头,红丹粉,平板、V 形铁以及常用车床工具、夹具等。

3. 写出零件图的加工步骤

(1)

(2)

(3)

(4)

(5)

(6)

(7)

(8)

(9)

(10)

(11)

(12)

(13)

附录　2016年中职组车加工赛项技能赛题及评分表(5套)

赛题 1

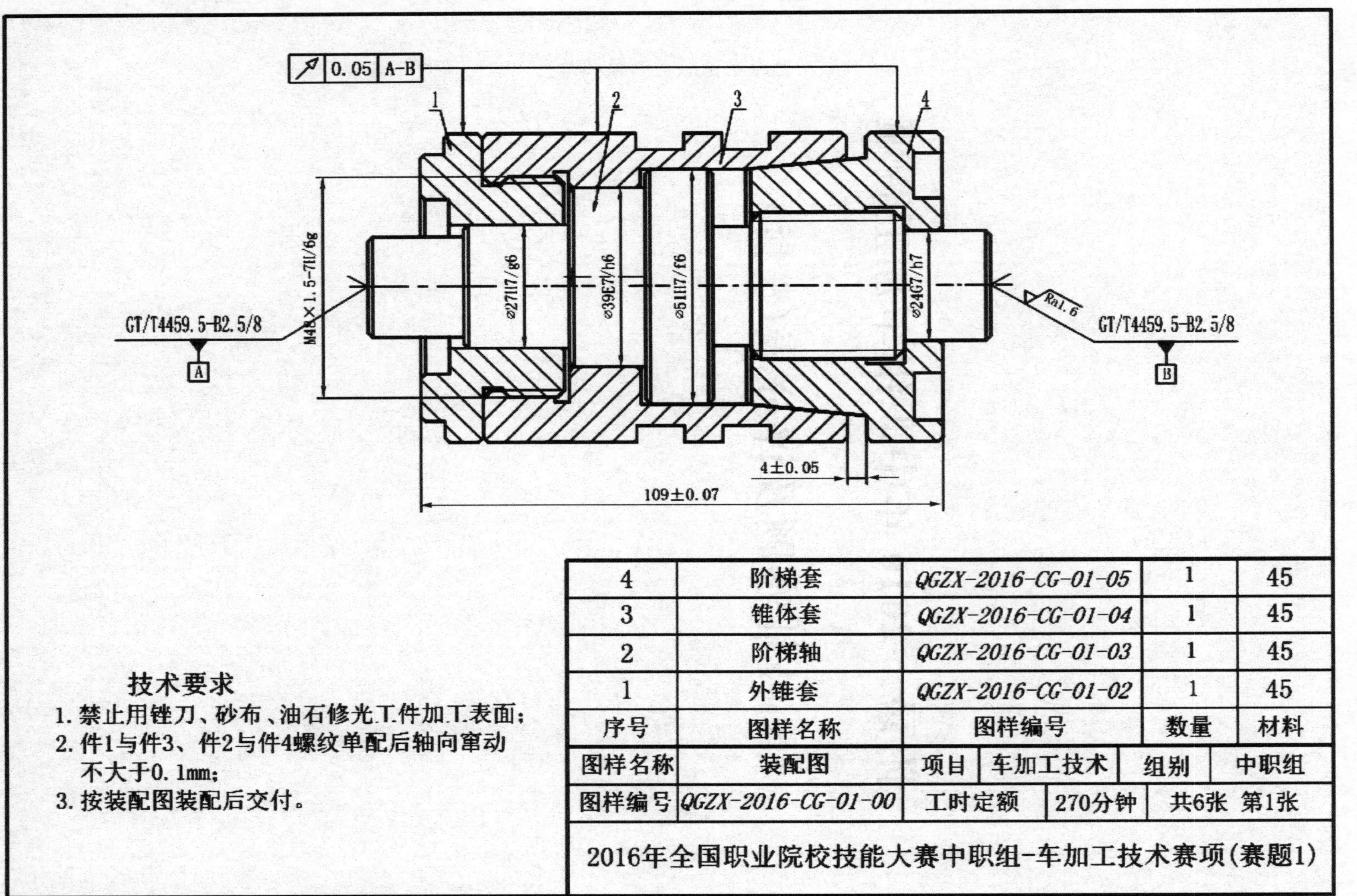
0.05 A-B
1
2
3
4
GT/T4459.5-B2.5/8
A
M48×1.5-7H/6g
⌀27H7/g6
⌀39E7/h6
⌀51H7/f6
⌀24G7/h7
Ra1.6
GT/T4459.5-B2.5/8
B
4±0.05
109±0.07
技术要求
1. 禁止用锉刀、砂布、油石修光工件加工表面；
2. 件1与件3、件2与件4螺纹单配后轴向窜动不大于0.1mm；
3. 按装配图装配后交付。
4 阶梯套 QGZX-2016-CG-01-05 1 45
3 锥体套 QGZX-2016-CG-01-04 1 45
2 阶梯轴 QGZX-2016-CG-01-03 1 45
1 外锥套 QGZX-2016-CG-01-02 1 45
序号 图样名称 图样编号 数量 材料
图样名称 装配图 项目 车加工技术 组别 中职组
图样编号 QGZX-2016-CG-01-00 工时定额 270分钟 共6张 第1张
2016年全国职业院校技能大赛中职组-车加工技术赛项(赛题1)

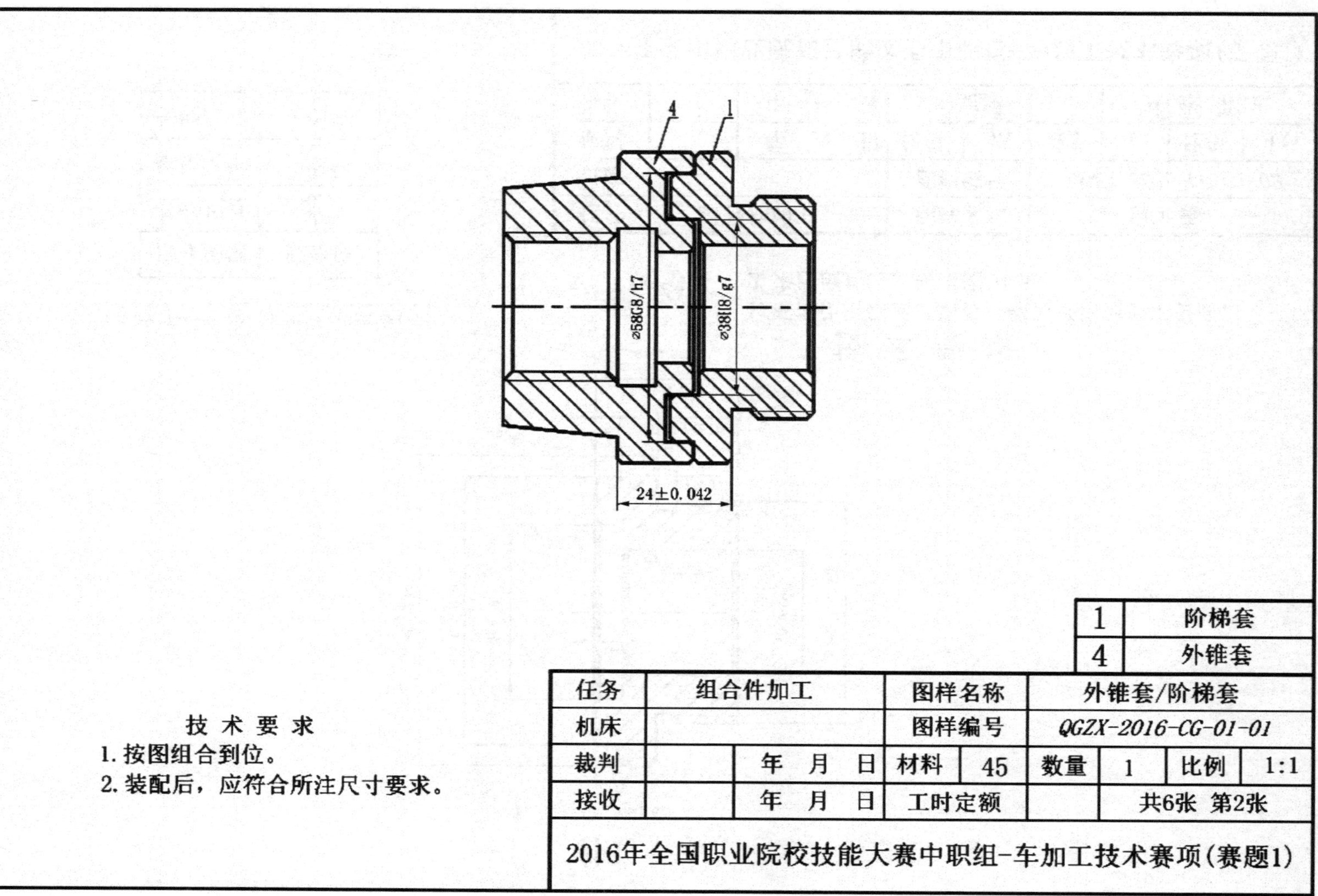
4
1
⌀58G8/h7
⌀38H8/g7
24±0.042
技术要求
1. 按图组合到位。
2. 装配后，应符合所注尺寸要求。
1 阶梯套
4 外锥套
任务 组合件加工 图样名称 外锥套/阶梯套
机床 图样编号 QGZX-2016-CG-01-01
裁判 年 月 日 材料 45 数量 1 比例 1:1
接收 年 月 日 工时定额 共6张 第2张
2016年全国职业院校技能大赛中职组-车加工技术赛项(赛题1)

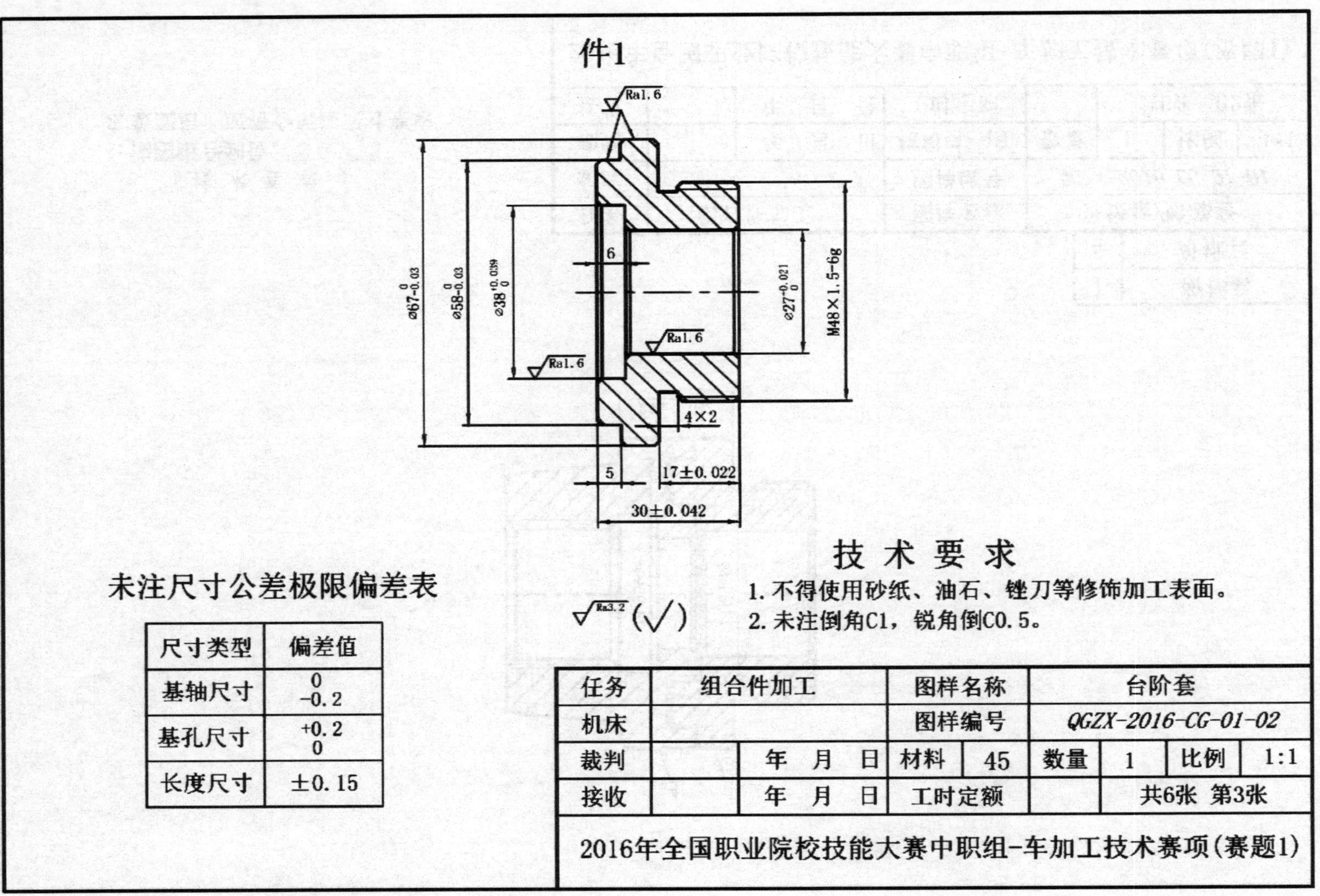
件1
Ra1.6
Ra1.6
Ra1.6
⌀67-0.03 0
⌀58-0.03 0
⌀38+0.039 0
6
⌀27-0.021 0
M48×1.5-6g
4×2
5
17±0.022
30±0.042
技术要求
Ra3.2 (√)
1. 不得使用砂纸、油石、锉刀等修饰加工表面。
2. 未注倒角C1，锐角倒C0.5。
未注尺寸公差极限偏差表
尺寸类型 偏差值
基轴尺寸 0 -0.2
基孔尺寸 +0.2 0
长度尺寸 ±0.15
任务 组合件加工 图样名称 台阶套
机床 图样编号 QGZX-2016-CG-01-02
裁判 年 月 日 材料 45 数量 1 比例 1:1
接收 年 月 日 工时定额 共6张 第3张
2016年全国职业院校技能大赛中职组-车加工技术赛项(赛题1)

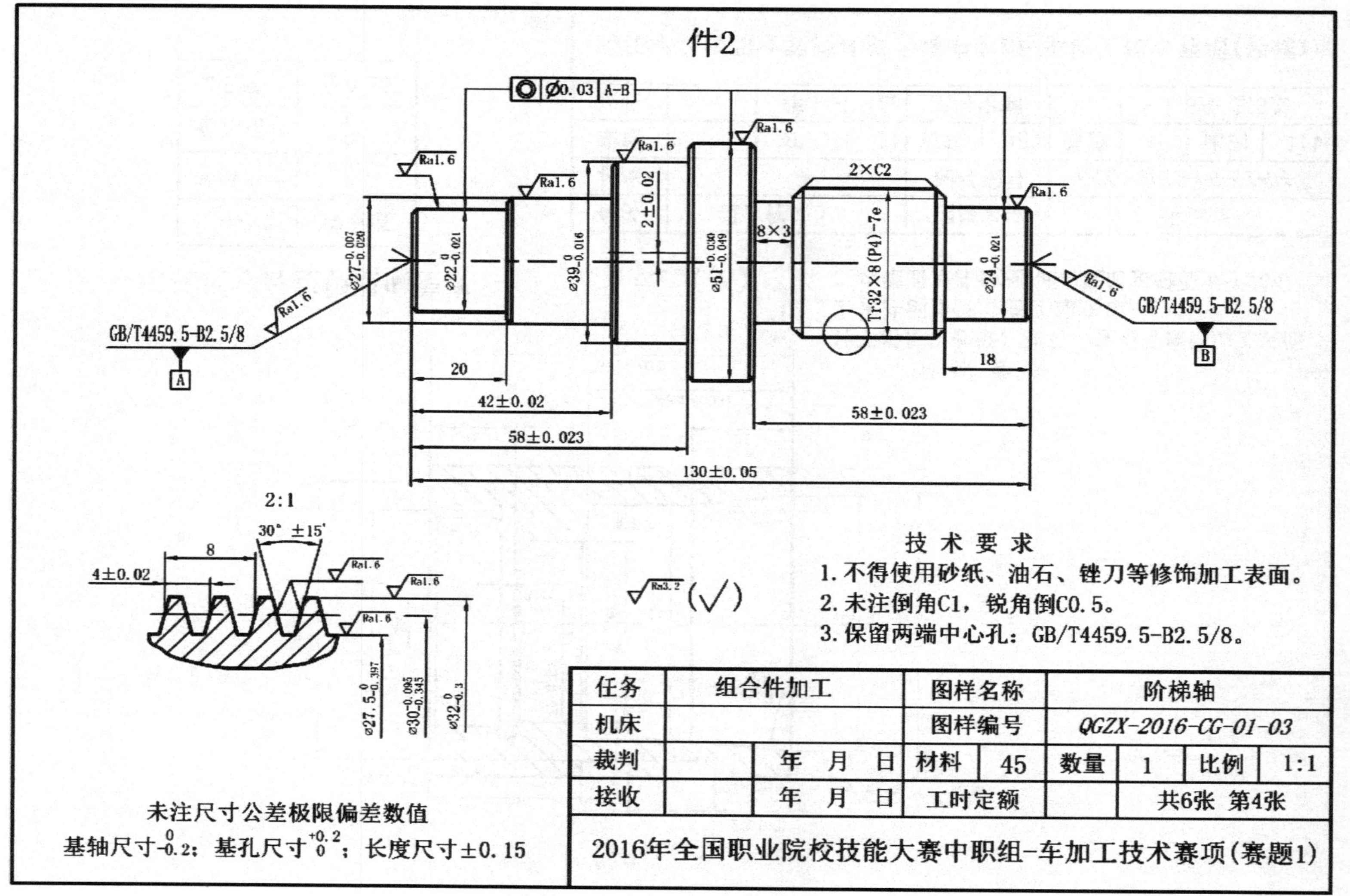

件2
0.03 A-B
Ra1.6
2×C2
8×3
2±0.02
Tr32×8(P4)-7e
GB/T4459.5-B2.5/8
A
B
20
18
42±0.02
58±0.023
130±0.05
2:1
30° ±15′
8
4±0.02
Ra3.2
技 术 要 求
1. 不得使用砂纸、油石、锉刀等修饰加工表面。
2. 未注倒角C1，锐角倒C0.5。
3. 保留两端中心孔：GB/T4459.5-B2.5/8。
未注尺寸公差极限偏差数值
基轴尺寸-0.2；基孔尺寸+0.2；长度尺寸±0.15
任务
组合件加工
图样名称
阶梯轴
机床
图样编号
QGZX-2016-CG-01-03
裁判
年 月 日
材料
45
数量
1
比例
1:1
接收
年 月 日
工时定额
共6张 第4张
2016年全国职业院校技能大赛中职组-车加工技术赛项(赛题1)

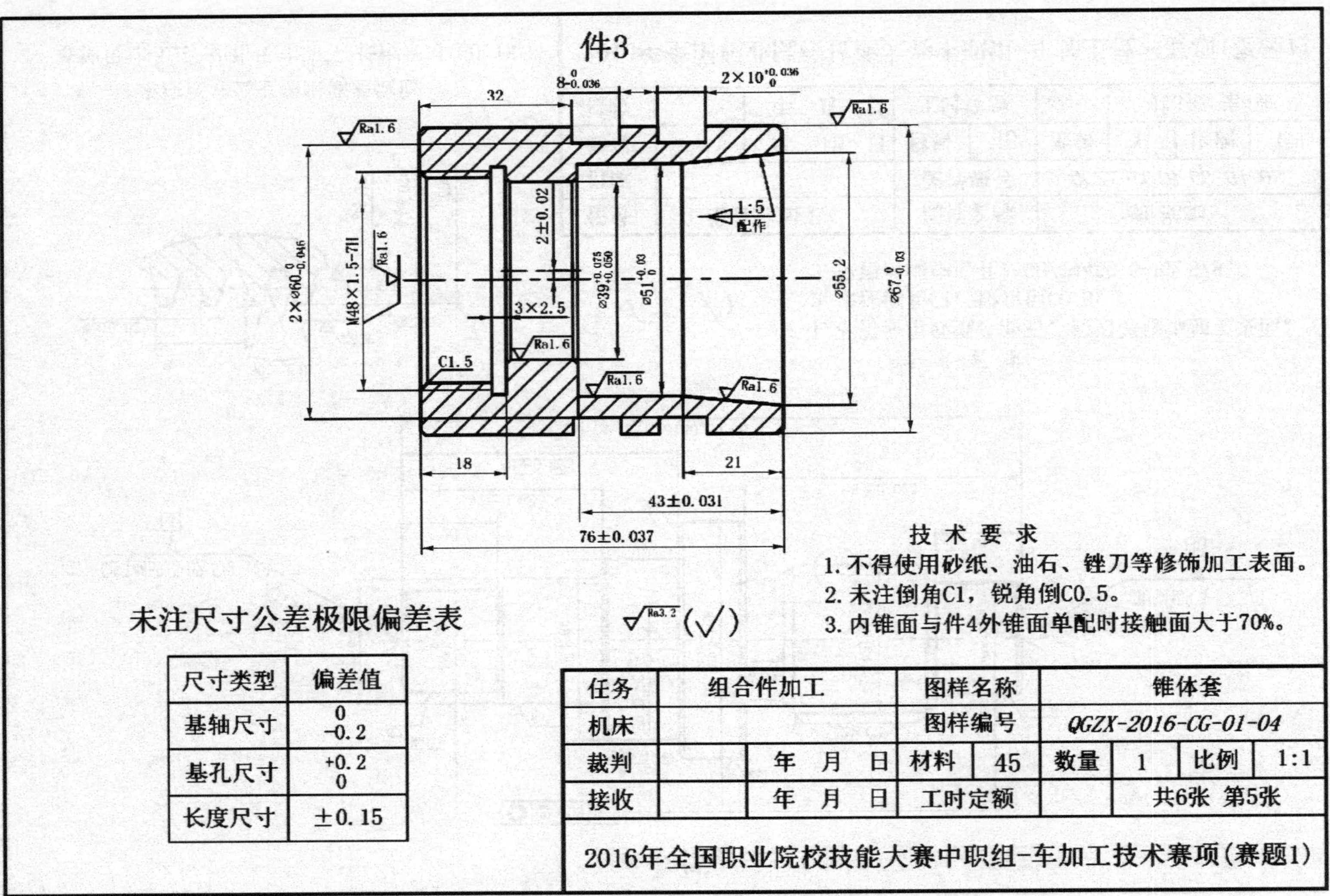

未注尺寸公差极限偏差表

尺寸类型	偏差值
基轴尺寸	0 -0.2
基孔尺寸	+0.2 0
长度尺寸	±0.15

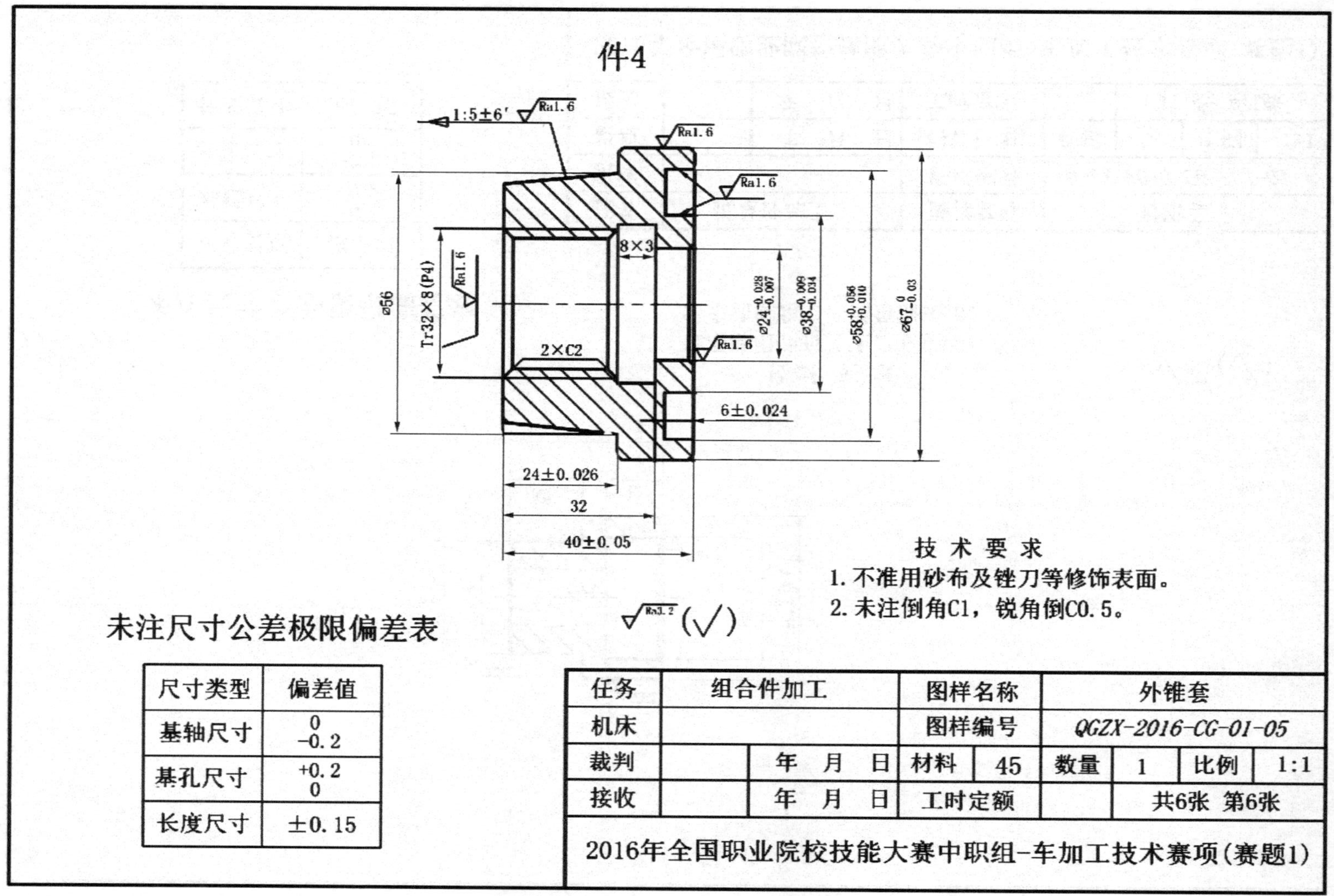

尺寸类型	偏差值
基轴尺寸	0 −0.2
基孔尺寸	+0.2 0
长度尺寸	±0.15

任务	组合件加工		图样名称	外锥套			
机床			图样编号	QGZX-2016-CG-01-05			
裁判		年　月　日	材料 45	数量	1	比例	1:1
接收		年　月　日	工时定额		共6张　第6张		
2016年全国职业院校技能大赛中职组-车加工技术赛项(赛题1)							

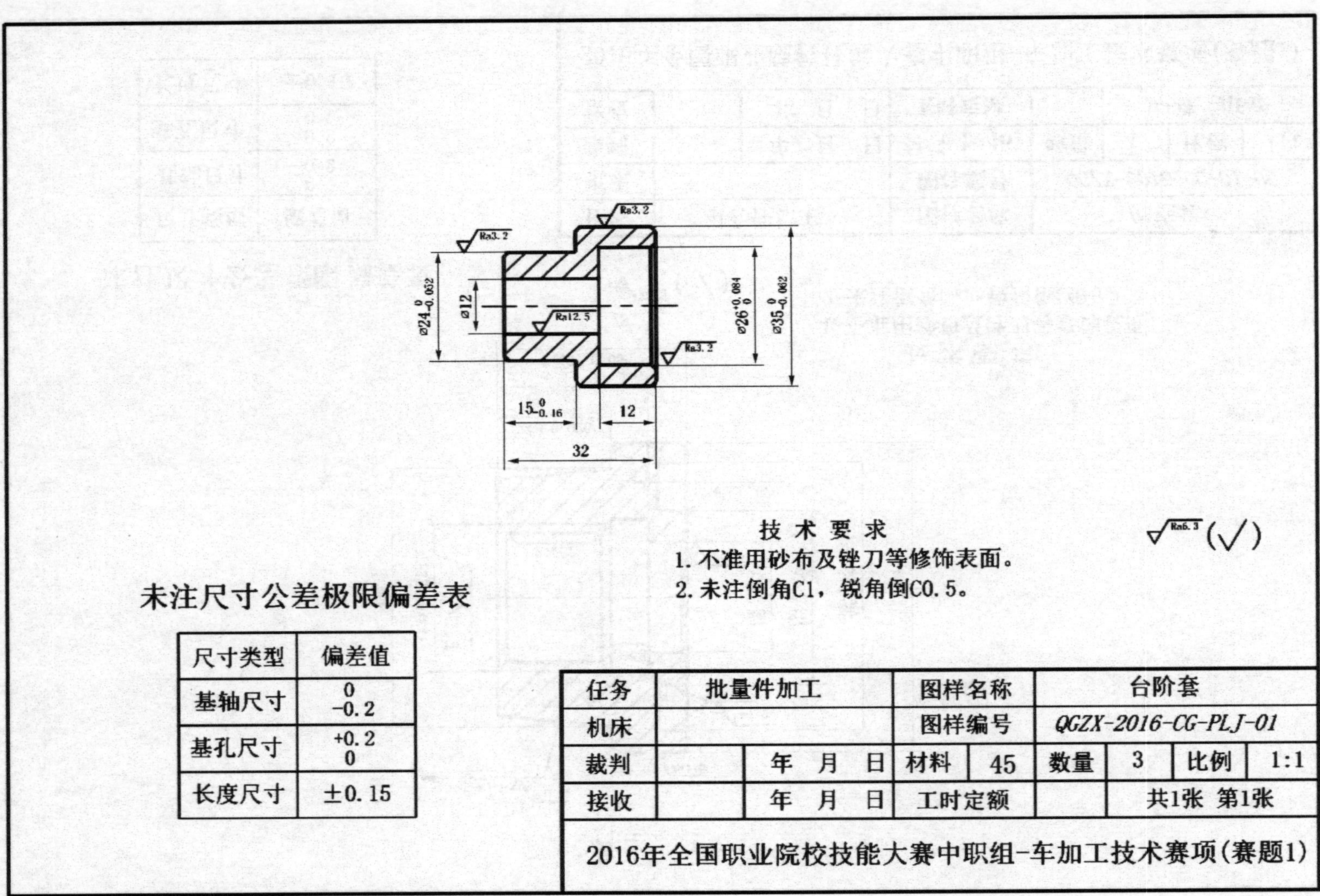

未注尺寸公差极限偏差表

尺寸类型	偏差值
基轴尺寸	0 -0.2
基孔尺寸	+0.2 0
长度尺寸	±0.15

赛题 1 评分表

2016 年全国职业院校技能大赛中职组
车加工技术赛项操作加工模块评分表（赛题 1）

一、组合件　（占总分 58%）　赛件编号：________　满分：271.5　得分：______

<table>
<tr><th>序号</th><th colspan="2">技术要求</th><th>配分</th><th>评分标准</th><th>实测结果</th><th>扣分</th><th>得分</th><th>测量方法</th></tr>
<tr><td></td><td colspan="2">件1：台阶套</td><td>32</td><td></td><td></td><td></td><td></td><td></td></tr>
<tr><td>1</td><td colspan="2">外圆 $\phi67^{0}_{-0.03}$</td><td>3</td><td>超差全扣</td><td></td><td></td><td></td><td></td></tr>
<tr><td>2</td><td colspan="2">外圆 $\phi58^{0}_{-0.03}$</td><td>3</td><td>超差全扣</td><td></td><td></td><td></td><td></td></tr>
<tr><td>3</td><td colspan="2">内孔 $\phi38^{+0.039}_{0}$</td><td>3</td><td>超差全扣</td><td></td><td></td><td></td><td></td></tr>
<tr><td>4</td><td colspan="2">内孔 $\phi27^{+0.021}_{0}$</td><td>3</td><td>超差全扣</td><td></td><td></td><td></td><td></td></tr>
<tr><td>5</td><td colspan="2">外螺纹M48×1.5-6g</td><td>4</td><td>超差全扣</td><td></td><td></td><td></td><td></td></tr>
<tr><td>6</td><td colspan="2">30±0.042</td><td>3</td><td>超差全扣</td><td></td><td></td><td></td><td>CMM</td></tr>
<tr><td>7</td><td colspan="2">17±0.022</td><td>3</td><td>超差全扣</td><td></td><td></td><td></td><td>CMM</td></tr>
<tr><td>8</td><td colspan="2">槽 4×2</td><td>1</td><td>超差全扣</td><td></td><td></td><td></td><td></td></tr>
<tr><td>9</td><td colspan="2">6、5</td><td>1</td><td>超差一处扣0.5分</td><td></td><td></td><td></td><td></td></tr>
<tr><td>10</td><td colspan="2">C1(8 处)</td><td>2</td><td>超差一处扣0.25分</td><td></td><td></td><td></td><td></td></tr>
<tr><td>11</td><td rowspan="2">粗糙度 Ra1.6</td><td>内外圆（4处）</td><td>4</td><td>一处1分，降级全扣</td><td></td><td></td><td></td><td></td></tr>
<tr><td>12</td><td>外螺纹 M48（2 侧）</td><td>2</td><td>一侧1分，降级全扣</td><td></td><td></td><td></td><td></td></tr>
<tr><td></td><td colspan="2"></td><td></td><td></td><td></td><td></td><td></td><td></td></tr>
<tr><td></td><td colspan="2">件2：阶梯轴</td><td>74</td><td></td><td></td><td></td><td></td><td></td></tr>
<tr><td>13</td><td colspan="2">外圆 $\phi51^{-0.030}_{-0.049}$</td><td>3</td><td>超差全扣</td><td></td><td></td><td></td><td></td></tr>
<tr><td>14</td><td colspan="2">外圆 $\phi22^{0}_{-0.021}$</td><td>3</td><td>超差全扣</td><td></td><td></td><td></td><td></td></tr>
<tr><td>15</td><td colspan="2">外圆 $\phi27^{-0.007}_{-0.020}$</td><td>3</td><td>超差全扣</td><td></td><td></td><td></td><td></td></tr>
<tr><td>16</td><td colspan="2">外圆 $\phi39^{0}_{-0.016}$</td><td>3</td><td>超差全扣
无偏心全扣</td><td></td><td></td><td></td><td></td></tr>
<tr><td>17</td><td colspan="2">外圆 $\phi24^{0}_{-0.021}$</td><td>3</td><td>超差全扣</td><td></td><td></td><td></td><td></td></tr>
<tr><td>18</td><td colspan="2">梯形螺纹大径 $\phi32^{0}_{-0.3}$</td><td>1</td><td>超差全扣</td><td></td><td></td><td></td><td></td></tr>
<tr><td>19</td><td colspan="2">梯形螺纹中径 $\phi30^{-0.095}_{-0.345}$</td><td>8</td><td>超差全扣</td><td></td><td></td><td></td><td></td></tr>
<tr><td>20</td><td colspan="2">梯形螺纹小径 $\phi27.5^{0}_{-0.397}$</td><td>1</td><td>超差全扣</td><td></td><td></td><td></td><td></td></tr>
<tr><td>21</td><td colspan="2">分线螺距4±0.02</td><td>6</td><td>超差0.01扣3分</td><td></td><td></td><td></td><td></td></tr>
<tr><td>22</td><td colspan="2">牙形角30°±15′</td><td>2</td><td>超差全扣</td><td></td><td></td><td></td><td>CMM</td></tr>
<tr><td>23</td><td colspan="2">偏心距 2±0.02</td><td>5</td><td>超差0.01扣2分</td><td></td><td></td><td></td><td>CMM</td></tr>
<tr><td>24</td><td colspan="2">130±0.05</td><td>3</td><td>超差全扣</td><td></td><td></td><td></td><td>CMM</td></tr>
</table>

2016 年全国职业院校技能大赛中职组

车加工技术赛项操作加工模块评分表（赛题 1）

25	42±0.02		3	超差全扣				CMM
26	58±0.023（左）		3	超差全扣				CMM
27	58±0.023（右）		3	超差全扣				CMM
28	槽 8×3		1	超差全扣				
29	20、18		1	超差一处扣0.5分				
30	C2（2 处）、C1(6 处)		2	超差一处扣0.25分				
31	中心孔 B2.5/8		2	超差一处扣1分				
32	◎ Ø 0.03 A-B（3 处）		6	超差一处扣2分				
33	粗糙度 Ra1.6	外圆（5 处）	5	一处1分，降级全扣				
34		梯形螺纹大、小径	2	一处1分，降级全扣				
35		梯形螺纹中径（4 侧）	4	一侧1分，降级全扣				
36		中心孔（2 个）	1	一处0.5分，降级全扣				
	件3：锥体套		**57.25**					
37	外圆 $\phi67^{0}_{-0.03}$		4	超差全扣				
38	沟槽 $\phi60^{0}_{-0.046}$（2处）		6	超差一处扣3分				
39	内孔 $\phi39^{+0.075}_{+0.050}$		3	超差全扣 无偏心全扣分				
40	内孔 $\phi51^{+0.03}_{0}$		3	超差全扣				
41	内螺纹M48×1.5-7H		4	与件1配合后轴向窜动不大于0.1mm				
42	内锥 1:5		4	与件4接触面≥70%，每少10%扣2分				
43	偏心距 2±0.02		5	超差0.01扣3分				CMM
44	$8^{0}_{-0.036}$		3	超差全扣				CMM
45	$2\times10^{+0.036}_{0}$		6	超差一处扣3分				CMM
46	76±0.037		3	超差全扣				CMM
47	43±0.031		3	超差全扣				CMM
48	内沟槽 3×2.5		1	超差全扣				
49	32、18、21、$\phi55.2$		2	超差一处扣0.5分				
50	C1(4 处)、C1.5		1.25	超差一处扣0.25分				
51	粗糙度 Ra1.6	内外圆（5 处）	5	一处1分，降级全扣				
52		内锥 1:5	2	降级全扣				
53		内螺纹 M48（2 侧）	2	一侧1分，降级全扣				
	件4：外锥套		**46.25**					
54	外圆 $\phi67^{0}_{-0.03}$		3	超差全扣				
55	端面槽 $\phi58^{+0.056}_{+0.010}$		3	超差全扣				

2016 年全国职业院校技能大赛中职组

车加工技术赛项操作加工模块评分表（赛题1）

56	端面槽 $\phi38_{-0.034}^{-0.009}$		3	超差全扣				
57	内孔 $\phi24_{+0.007}^{+0.028}$		3	超差全扣				
58	外锥 1:5±6′		4	超差2′ 扣2分				CMM
59	内梯形螺纹Tr32×8（P4）		6	与件2配合轴向窜动不大于0.1mm				
60	内梯形螺纹小径 $\phi28_{0}^{+0.375}$		1	超差全扣				
61	40±0.05		3	超差全扣				CMM
62	24±0.026		3	超差全扣				CMM
63	6±0.024		3	超差全扣				CMM
64	内沟槽 8×3		1	超差全扣				
65	32、$\phi56$		1	超差一处扣0.5分				
66	C2（2 处）、C1(3 处)		1.25	超差一处扣0.25分				
67	粗糙度 Ra1.6	内外圆（2 处）	2	一处1分，降级全扣				
68		端面槽（2 处）	2	一处1分，降级全扣				
69		内梯形螺纹牙侧(4 处)	4	一侧1分，降级全扣				
70		内梯形螺纹牙顶	1	降级全扣				
71		外锥面 1:5	2	降级全扣				
	装配及零件完整度		**62**					
72	装配成型		12	一处不能装配扣4分				
74	109±0.07		6	超差0.01扣3分				CMM
75	4±0.05		6	超差0.01扣3分				CMM
76	24±0.042		6	超差0.01扣3分				CMM
77	↗ | 0.05 | A-B （3 处）		12	超差一处扣 4 分（无偏心扣除偏心处跳动）				
78	工件完整度（4 件）		20	一处未完成扣2分				

评分人:　　　　　　　　　　　　　　年　　月　　日

核分人:　　　　　　　　　　　　　　年　　月　　日

2016 年全国职业院校技能大赛中职组

车加工技术赛项操作加工模块评分表（赛题 1）

二、批量件：台阶轴　　　　每件合格 4 分，共 12 分

件 1：

检查项目	实测结果	是否合格
外圆 $\phi35^{0}_{-0.062}$　Ra3.2		
外圆 $\phi24^{0}_{-0.052}$　Ra3.2		
内孔 $\phi26^{+0.084}_{0}$　Ra3.2		
长度 32、$15^{0}_{-0.16}$、12		
$\phi12$、C1(4 处)		
单件得分		

件 2：

检查项目	实测结果	是否合格
外圆 $\phi35^{0}_{-0.062}$　Ra3.2		
外圆 $\phi24^{0}_{-0.052}$　Ra3.2		
内孔 $\phi26^{+0.084}_{0}$　Ra3.2		
长度 32、$15^{0}_{-0.16}$、12		
$\phi12$、C1(4 处)		
单件得分		

件 3：

检查项目	实测结果	是否合格
外圆 $\phi35^{0}_{-0.062}$　Ra3.2		
外圆 $\phi24^{0}_{-0.052}$　Ra3.2		
内孔 $\phi26^{+0.084}_{0}$　Ra3.2		
长度 32、$15^{0}_{-0.16}$、12		
$\phi12$、C1(4 处)		
单件得分		

评分人：　　　　　　　　　　　　年　　月　　日

核分人：　　　　　　　　　　　　年　　月　　日

赛题 2

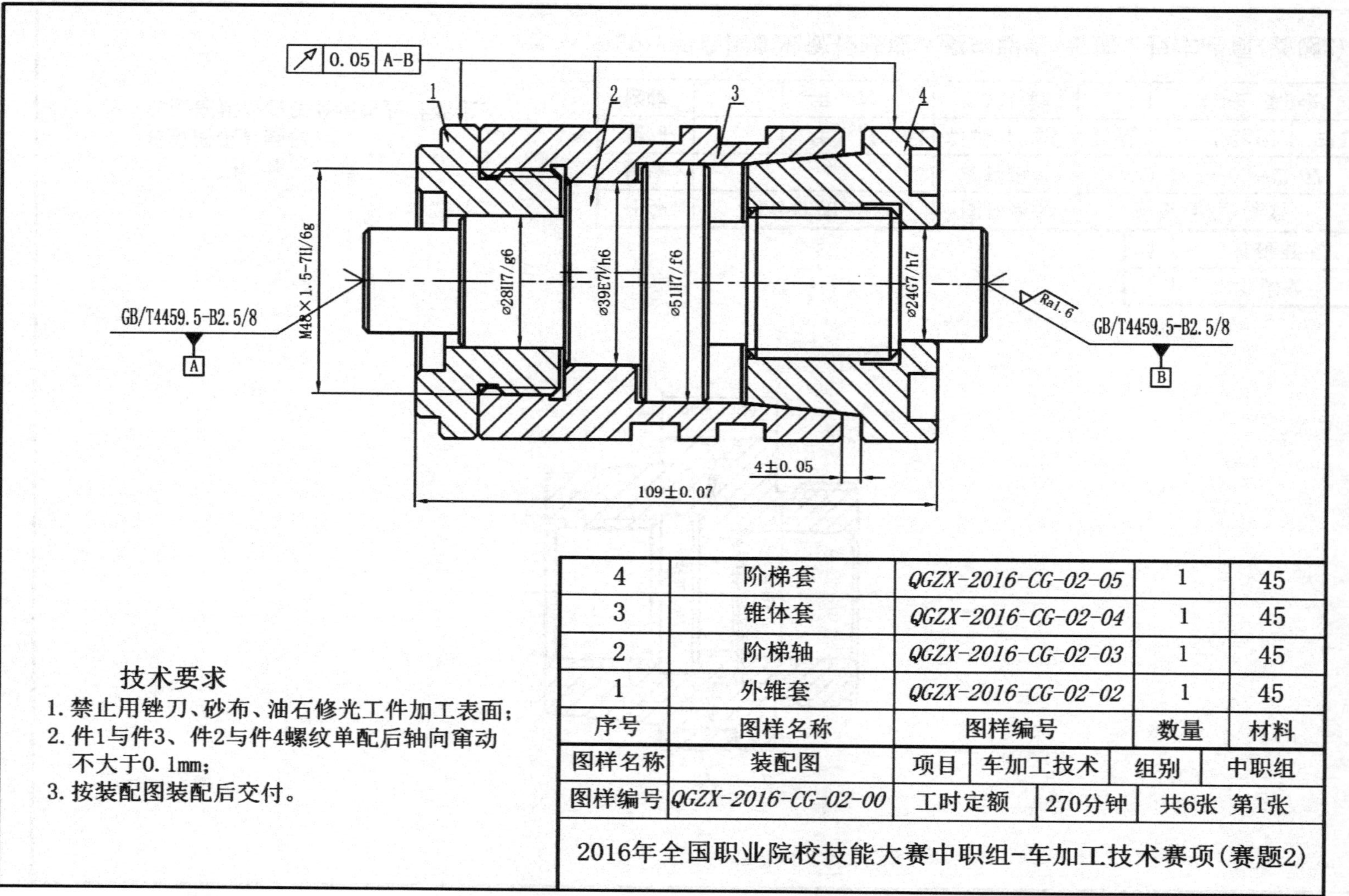
0.05 A-B
1
2
3
4
M48×1.5-7H/6g
⌀28H7/g6
⌀39E7/h6
⌀51H7/f6
⌀24G7/h7
Ra1.6
GB/T4459.5-B2.5/8
A
GB/T4459.5-B2.5/8
B
4±0.05
109±0.07
技术要求
1. 禁止用锉刀、砂布、油石修光工件加工表面;
2. 件1与件3、件2与件4螺纹单配后轴向窜动不大于0.1mm;
3. 按装配图装配后交付。
4 阶梯套 QGZX-2016-CG-02-05 1 45
3 锥体套 QGZX-2016-CG-02-04 1 45
2 阶梯轴 QGZX-2016-CG-02-03 1 45
1 外锥套 QGZX-2016-CG-02-02 1 45
序号 图样名称 图样编号 数量 材料
图样名称 装配图 项目 车加工技术 组别 中职组
图样编号 QGZX-2016-CG-02-00 工时定额 270分钟 共6张 第1张
2016年全国职业院校技能大赛中职组-车加工技术赛项(赛题2)

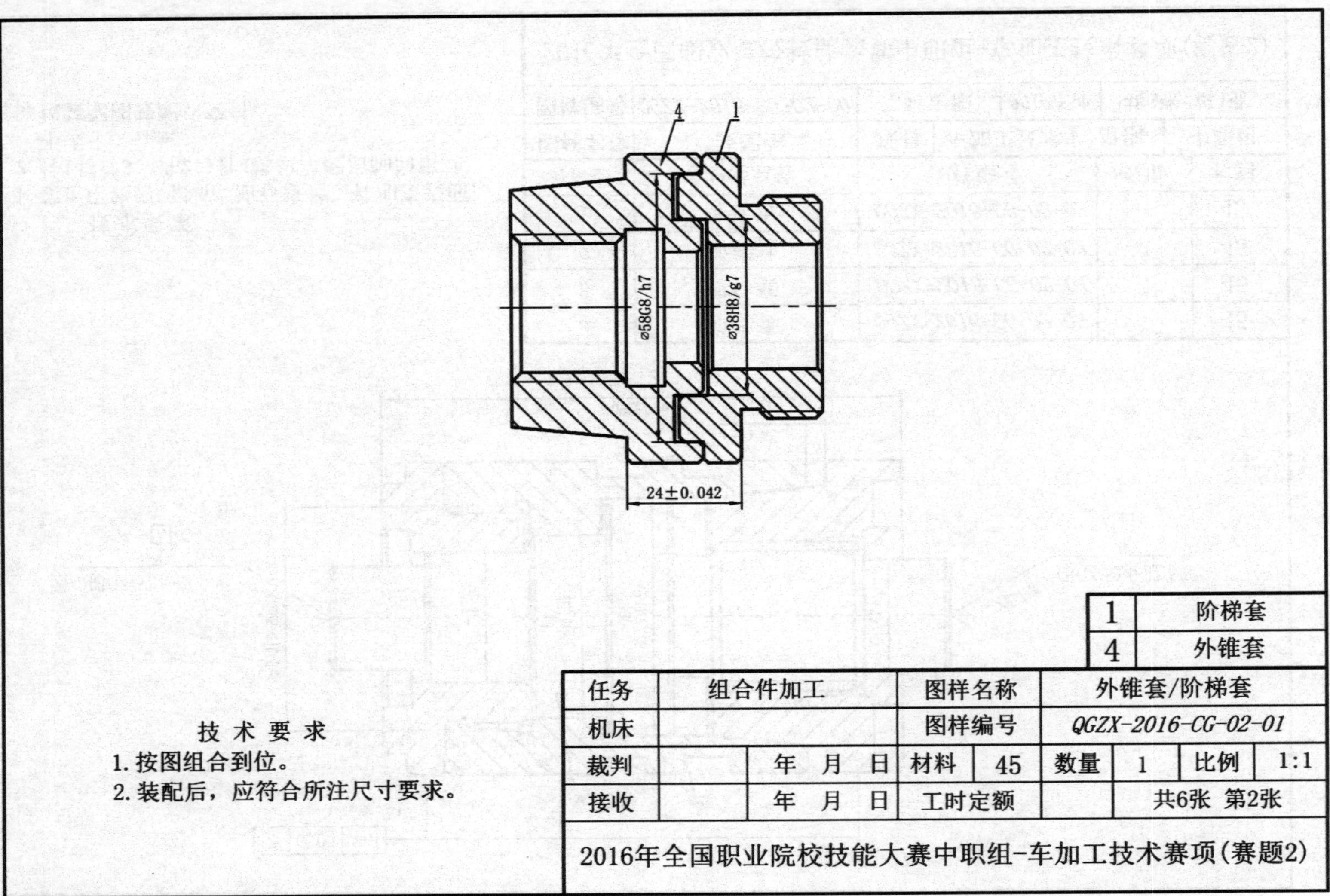
4
1
⌀58G8/h7
⌀38H8/g7
24±0.042
1 阶梯套
4 外锥套
任务 组合件加工
图样名称 外锥套/阶梯套
机床
图样编号 QGZX-2016-CG-02-01
裁判 年 月 日
材料 45
数量 1
比例 1:1
接收 年 月 日
工时定额
共6张 第2张
2016年全国职业院校技能大赛中职组-车加工技术赛项(赛题2)
技 术 要 求
1. 按图组合到位。
2. 装配后，应符合所注尺寸要求。

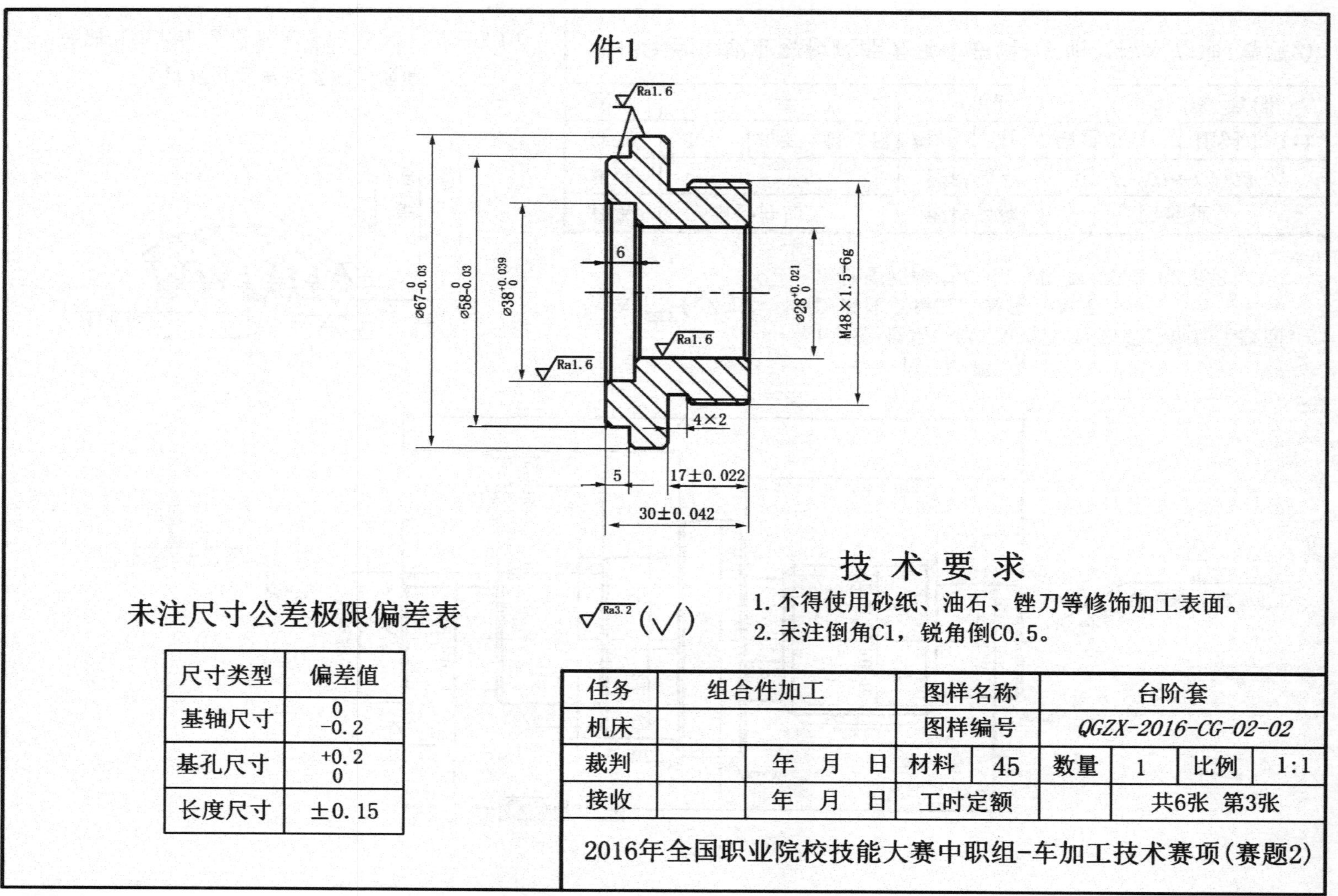

技术要求

1. 不得使用砂纸、油石、锉刀等修饰加工表面。
2. 未注倒角C1，锐角倒C0.5。

未注尺寸公差极限偏差表

尺寸类型	偏差值
基轴尺寸	0 -0.2
基孔尺寸	+0.2 0
长度尺寸	±0.15

任务	组合件加工		图样名称	台阶套				
机床			图样编号	QGZX-2016-CG-02-02				
裁判		年　月　日	材料	45	数量	1	比例	1:1
接收		年　月　日	工时定额		共6张　第3张			

2016年全国职业院校技能大赛中职组-车加工技术赛项(赛题2)

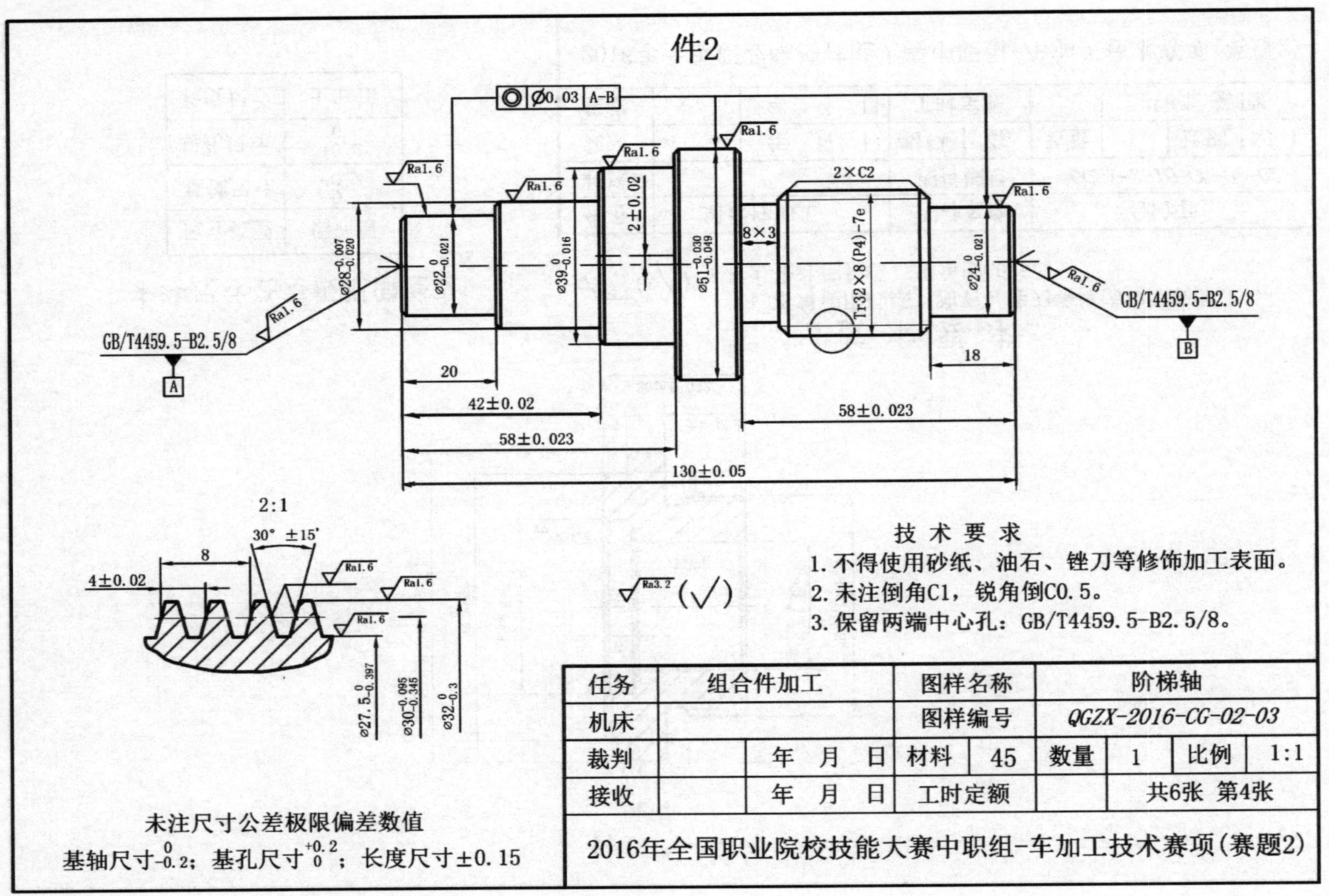
件2
0.03 A-B
Ra1.6
2×C2
8×3
2±0.02
Tr32×8(P4)-7e
GB/T4459.5-B2.5/8
A
B
20
18
42±0.02
58±0.023
58±0.023
130±0.05
2:1
30° ±15'
8
4±0.02
技 术 要 求
1. 不得使用砂纸、油石、锉刀等修饰加工表面。
2. 未注倒角C1，锐角倒C0.5。
3. 保留两端中心孔：GB/T4459.5-B2.5/8。
Ra3.2 (√)
未注尺寸公差极限偏差数值
基轴尺寸 0 -0.2；基孔尺寸 +0.2 0；长度尺寸±0.15
任务
组合件加工
图样名称
阶梯轴
机床
图样编号
QGZX-2016-CG-02-03
裁判
年 月 日
材料
45
数量
1
比例
1:1
接收
年 月 日
工时定额
共6张 第4张
2016年全国职业院校技能大赛中职组-车加工技术赛项(赛题2)

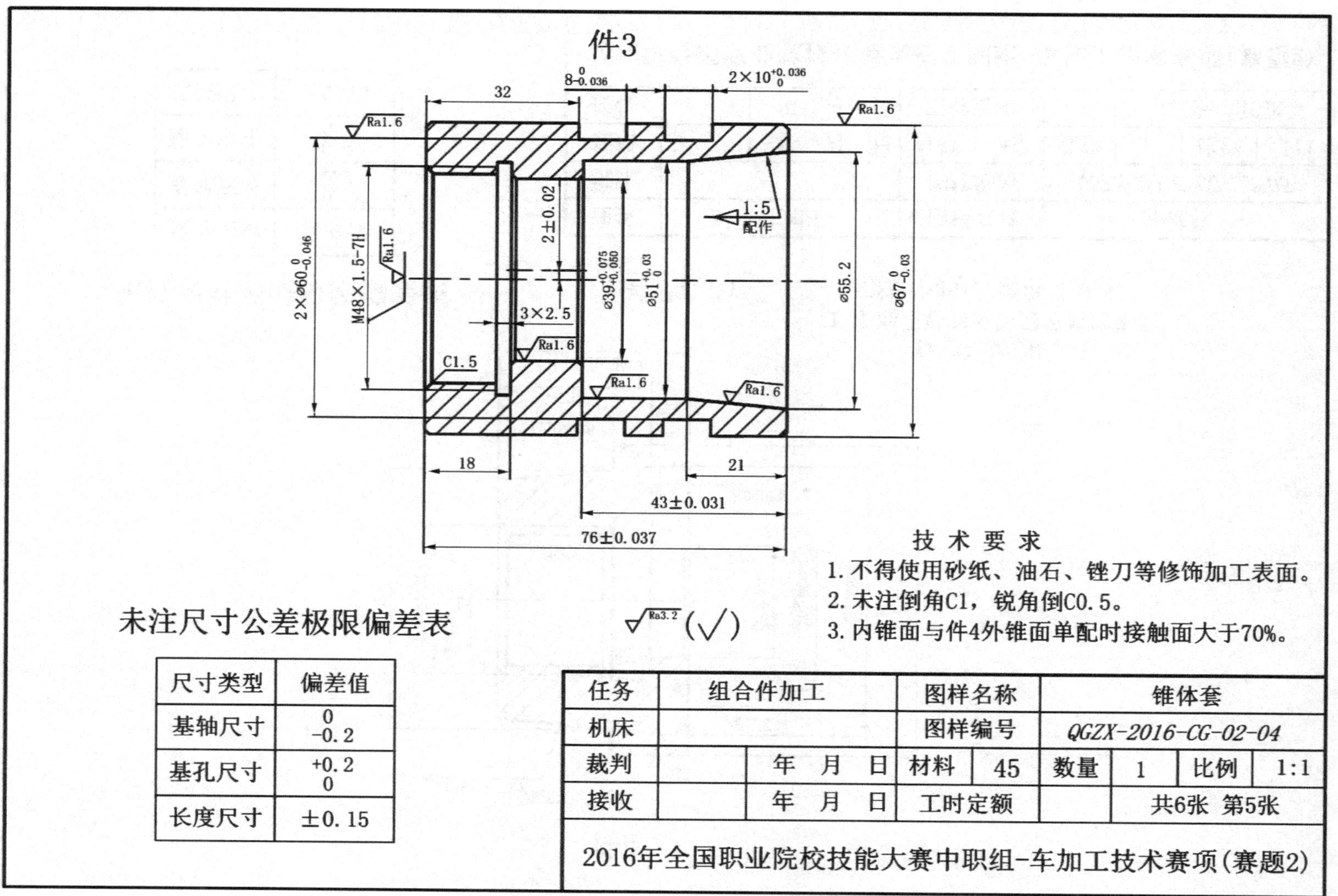

技 术 要 求

1. 不得使用砂纸、油石、锉刀等修饰加工表面。
2. 未注倒角C1，锐角倒C0.5。
3. 内锥面与件4外锥面单配时接触面大于70%。

未注尺寸公差极限偏差表

尺寸类型	偏差值
基轴尺寸	0 -0.2
基孔尺寸	+0.2 0
长度尺寸	±0.15

任务	组合件加工		图样名称	锥体套			
机床			图样编号	QGZX-2016-CG-02-04			
裁判		年　月　日	材料	45	数量	1	比例　1:1
接收		年　月　日	工时定额		共6张　第5张		

2016年全国职业院校技能大赛中职组-车加工技术赛项(赛题2)

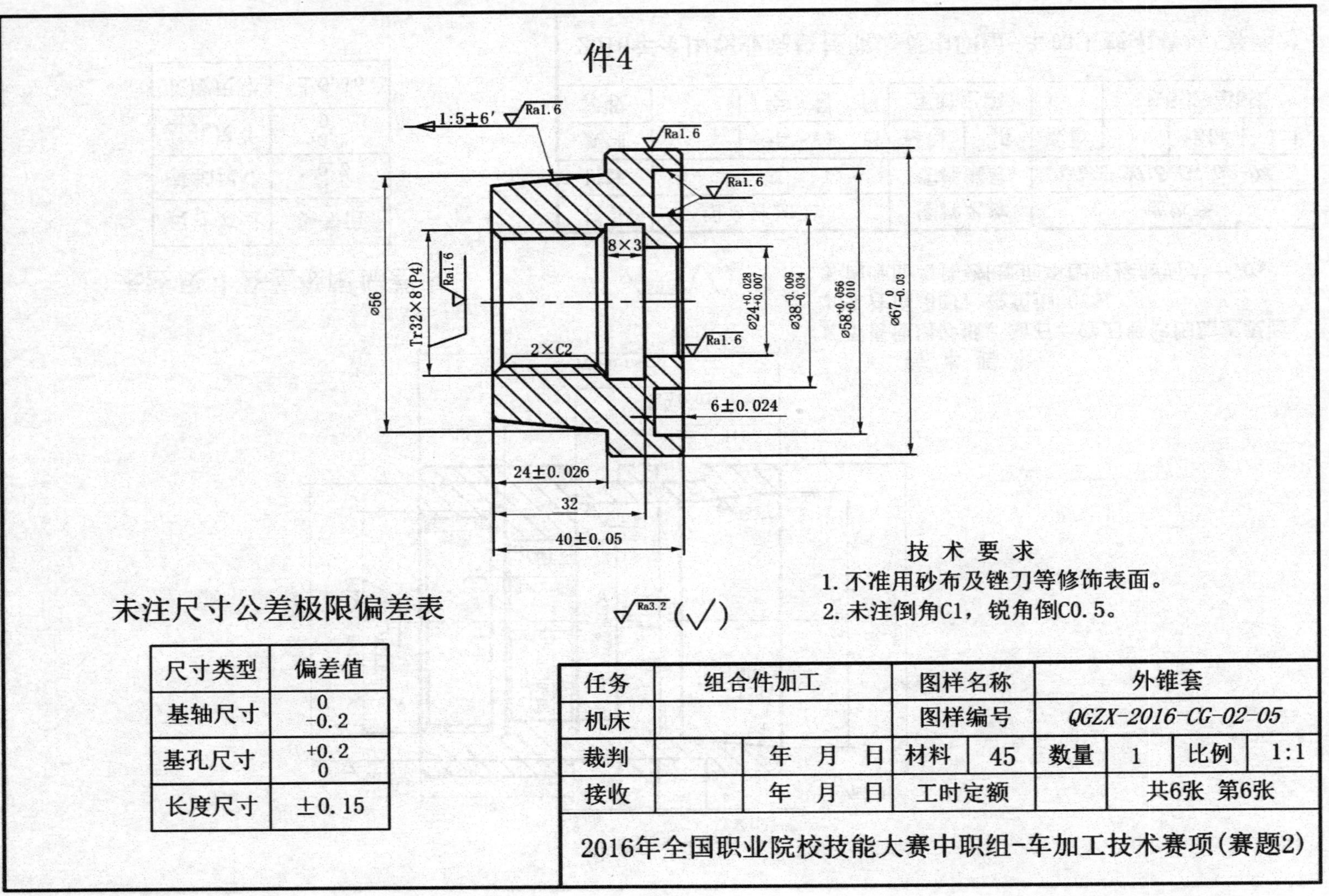
件4
1:5±6′
Ra1.6
Ra1.6
Ra1.6
Ra1.6
Ra1.6
8×3
Tr32×8(P4)
⌀56
2×C2
⌀24$^{+0.028}_{+0.007}$
⌀38$^{-0.009}_{-0.034}$
⌀58$^{+0.056}_{+0.010}$
⌀67$^{0}_{-0.03}$
6±0.024
24±0.026
32
40±0.05
技 术 要 求
1. 不准用砂布及锉刀等修饰表面。
2. 未注倒角C1，锐角倒C0.5。
Ra3.2 (√)
未注尺寸公差极限偏差表
尺寸类型 | 偏差值
基轴尺寸 | 0 -0.2
基孔尺寸 | +0.2 0
长度尺寸 | ±0.15
任务 | 组合件加工 | 图样名称 | 外锥套
机床 | | 图样编号 | QGZX-2016-CG-02-05
裁判 | 年 月 日 | 材料 | 45 | 数量 | 1 | 比例 | 1:1
接收 | 年 月 日 | 工时定额 | | 共6张 第6张
2016年全国职业院校技能大赛中职组-车加工技术赛项(赛题2)

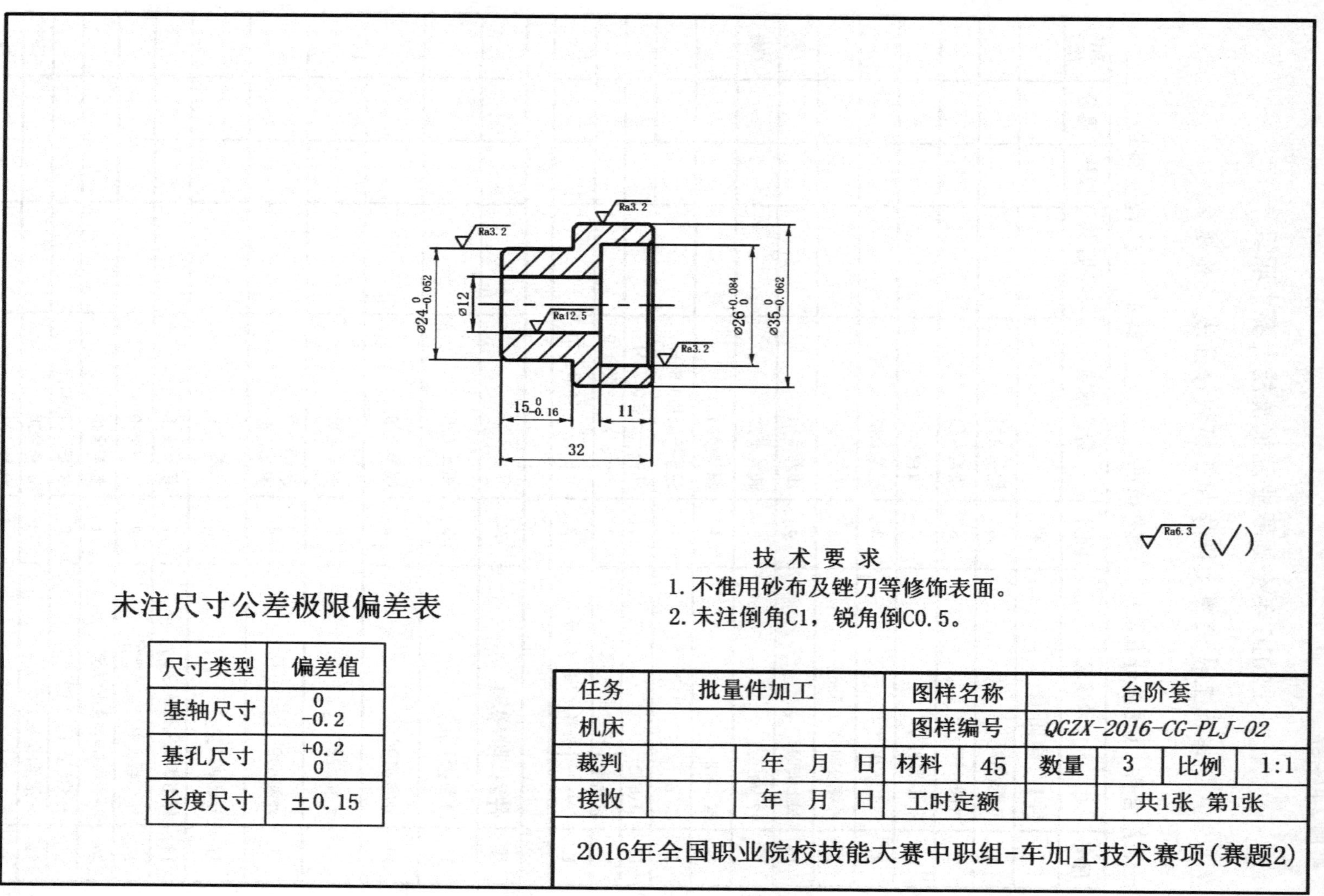

技 术 要 求

1. 不准用砂布及锉刀等修饰表面。
2. 未注倒角C1，锐角倒C0.5。

未注尺寸公差极限偏差表

尺寸类型	偏差值
基轴尺寸	0 -0.2
基孔尺寸	+0.2 0
长度尺寸	±0.15

任务	批量件加工		图样名称		台阶套			
机床			图样编号		QGZX-2016-CG-PLJ-02			
裁判		年　月　日	材料	45	数量	3	比例	1:1
接收		年　月　日	工时定额			共1张 第1张		
2016年全国职业院校技能大赛中职组-车加工技术赛项(赛题2)								

赛题 2 评分表

2016 年全国职业院校技能大赛中职组

车加工技术赛项操作加工模块评分表（赛题 2）

一、组合件 （占总分 58%） 赛件编号：______ 满分：271.5 得分：______

序号	技术要求		配分	评分标准	实测结果	扣分	得分	测量方法
	件1：台阶套		32					
1	外圆 $\phi67^{0}_{-0.03}$		3	超差全扣				
2	外圆 $\phi58^{0}_{-0.03}$		3	超差全扣				
3	内孔 $\phi38^{+0.039}_{0}$		3	超差全扣				
4	内孔 $\phi28^{+0.021}_{0}$		3	超差全扣				
5	外螺纹M48×1.5-6g		4	超差全扣				
6	30±0.042		3	超差全扣				CMM
7	17±0.022		3	超差全扣				CMM
8	槽 4×2		1	超差全扣				
9	6、5		1	超差一处扣0.5分				
10	C1(8 处)		2	超差一处扣0.25分				
11	粗糙度 Ra1.6	内外圆（4处）	4	一处1分，降级全扣				
12		外螺纹 M48（2 侧）	2	一侧1分，降级全扣				
	件2：阶梯轴		74					
13	外圆 $\phi51^{-0.030}_{-0.049}$		3	超差全扣				
14	外圆 $\phi22^{0}_{-0.021}$		3	超差全扣				
15	外圆 $\phi28^{-0.007}_{-0.020}$		3	超差全扣				
16	外圆 $\phi39^{0}_{-0.016}$		3	超差全扣 无偏心全扣				
17	外圆 $\phi24^{0}_{-0.021}$		3	超差全扣				
18	梯形螺纹大径 $\phi32^{0}_{-0.3}$		1	超差全扣				
19	梯形螺纹中径 $\phi30^{-0.095}_{-0.345}$		8	超差全扣				
20	梯形螺纹小径 $\phi27.5^{0}_{-0.397}$		1	超差全扣				
21	分线螺距4±0.02		6	超差0.01扣3分				
22	牙形角30°±15′		2	超差全扣				CMM
23	偏心距 2±0.02		5	超差0.01扣2分				CMM
24	130±0.05		3	超差全扣				CMM

2016年全国职业院校技能大赛中职组

车加工技术赛项操作加工模块评分表（赛题2）

25	42±0.02		3	超差全扣				CMM
26	58±0.023（左）		3	超差全扣				CMM
27	58±0.023（右）		3	超差全扣				CMM
28	槽8×3		1	超差全扣				
29	20、18		1	超差一处扣0.5分				
30	C2（2处）、C1(6处)		2	超差一处扣0.25分				
31	中心孔B2.5/8		2	超差一处扣1分				
32	◎ ϕ0.03 A-B (3处)		6	超差一处扣2分				
33	粗糙度Ra1.6	外圆（5处）	5	一处1分，降级全扣				
34		梯形螺纹大、小径	2	一处1分，降级全扣				
35		梯形螺纹中径（4侧）	4	一侧1分，降级全扣				
36		中心孔（2个）	1	一处0.5分，降级全扣				
	件3：锥体套		**57.25**					
37	外圆$\phi67^{0}_{-0.03}$		4	超差全扣				
38	沟槽$\phi60^{0}_{-0.046}$（2处）		6	超差一处扣3分				
39	内孔$\phi39^{+0.075}_{+0.050}$		3	超差全扣 无偏心全扣分				
40	内孔$\phi51^{+0.03}_{0}$		3	超差全扣				
41	内螺纹M48×1.5-7H		4	与件1配合后轴向窜动不大于0.1mm				
42	内锥1:5		4	与件4接触面≥70%，每少10%扣2分				
43	偏心距2±0.02		5	超差0.01扣3分				CMM
44	$8^{0}_{-0.036}$		3	超差全扣				CMM
45	$2\times10^{+0.036}_{0}$		6	超差一处扣3分				CMM
46	76±0.037		3	超差全扣				CMM
47	43±0.031		3	超差全扣				CMM
48	内沟槽3×2.5		1	超差全扣				
49	32、18、21、ϕ55.2		2	超差一处扣0.5分				
50	C1(4处)、C1.5		1.25	超差一处扣0.25分				
51	粗糙度Ra1.6	内外圆（5处）	5	一处1分，降级全扣				
52		内锥1:5	2	降级全扣				
53		内螺纹M48（2侧）	2	一侧1分，降级全扣				
	件4：外锥套		**46.25**					
54	外圆$\phi67^{0}_{-0.03}$		3	超差全扣				
55	端面槽$\phi58^{+0.056}_{+0.010}$		3	超差全扣				

2016年全国职业院校技能大赛中职组

车加工技术赛项操作加工模块评分表（赛题2）

<table>
<tr><td>56</td><td colspan="2">端面槽 $\phi38_{-0.034}^{-0.009}$</td><td>3</td><td>超差全扣</td><td></td><td></td><td></td><td></td></tr>
<tr><td>57</td><td colspan="2">内孔 $\phi24_{+0.007}^{+0.028}$</td><td>3</td><td>超差全扣</td><td></td><td></td><td></td><td></td></tr>
<tr><td>58</td><td colspan="2">外锥 1:5±6′</td><td>4</td><td>超差2′扣2分</td><td></td><td></td><td></td><td>CMM</td></tr>
<tr><td>59</td><td colspan="2">内梯形螺纹Tr32×8（P4）</td><td>6</td><td>与件2配合轴向窜动不大于0.1mm</td><td></td><td></td><td></td><td></td></tr>
<tr><td>60</td><td colspan="2">内梯形螺纹小径 $\phi28_{0}^{+0.375}$</td><td>1</td><td>超差全扣</td><td></td><td></td><td></td><td></td></tr>
<tr><td>61</td><td colspan="2">40±0.05</td><td>3</td><td>超差全扣</td><td></td><td></td><td></td><td>CMM</td></tr>
<tr><td>62</td><td colspan="2">24±0.026</td><td>3</td><td>超差全扣</td><td></td><td></td><td></td><td>CMM</td></tr>
<tr><td>63</td><td colspan="2">6±0.024</td><td>3</td><td>超差全扣</td><td></td><td></td><td></td><td>CMM</td></tr>
<tr><td>64</td><td colspan="2">内沟槽 8×3</td><td>1</td><td>超差全扣</td><td></td><td></td><td></td><td></td></tr>
<tr><td>65</td><td colspan="2">32、$\phi56$</td><td>1</td><td>超差一处扣0.5分</td><td></td><td></td><td></td><td></td></tr>
<tr><td>66</td><td colspan="2">C2（2处）、C1(3处)</td><td>1.25</td><td>超差一处扣0.25分</td><td></td><td></td><td></td><td></td></tr>
<tr><td>67</td><td rowspan="5">粗糙度Ra1.6</td><td>内外圆（2处）</td><td>2</td><td>一处1分，降级全扣</td><td></td><td></td><td></td><td></td></tr>
<tr><td>68</td><td>端面槽（2处）</td><td>2</td><td>一处1分，降级全扣</td><td></td><td></td><td></td><td></td></tr>
<tr><td>69</td><td>内梯形螺纹牙侧(4处)</td><td>4</td><td>一侧1分，降级全扣</td><td></td><td></td><td></td><td></td></tr>
<tr><td>70</td><td>内梯形螺纹牙顶</td><td>1</td><td>降级全扣</td><td></td><td></td><td></td><td></td></tr>
<tr><td>71</td><td>外锥面 1:5</td><td>2</td><td>降级全扣</td><td></td><td></td><td></td><td></td></tr>
<tr><td colspan="9"></td></tr>
<tr><td></td><td colspan="2">装配及零件完整度</td><td>62</td><td></td><td></td><td></td><td></td><td></td></tr>
<tr><td>72</td><td colspan="2">装配成型</td><td>12</td><td>一处不能装配扣4分</td><td></td><td></td><td></td><td></td></tr>
<tr><td>74</td><td colspan="2">109±0.07</td><td>6</td><td>超差0.01扣3分</td><td></td><td></td><td></td><td>CMM</td></tr>
<tr><td>75</td><td colspan="2">4±0.05</td><td>6</td><td>超差0.01扣3分</td><td></td><td></td><td></td><td>CMM</td></tr>
<tr><td>76</td><td colspan="2">24±0.042</td><td>6</td><td>超差0.01扣3分</td><td></td><td></td><td></td><td>CMM</td></tr>
<tr><td>77</td><td colspan="2">↗ | 0.05 | A-B （3处）</td><td>12</td><td>超差一处扣4分（无偏心扣除偏心处跳动）</td><td></td><td></td><td></td><td></td></tr>
<tr><td>78</td><td colspan="2">工件完整度（4件）</td><td>20</td><td>一处未完成扣2分</td><td></td><td></td><td></td><td></td></tr>
</table>

评分人: 年 月 日

核分人: 年 月 日

2016 年全国职业院校技能大赛中职组

车加工技术赛项操作加工模块评分表（赛题 2）

二、批量件：台阶轴　　　每件合格 4 分，共 12 分

件 1：

检查项目	实测结果	是否合格
外圆 $\phi35^{0}_{-0.062}$　Ra3.2		
外圆 $\phi24^{0}_{-0.052}$　Ra3.2		
内孔 $\phi26^{+0.084}_{0}$　Ra3.2		
长度 32、$15^{0}_{-0.16}$、11		
$\phi12$、C1(4 处)		
单件得分		

件 2：

检查项目	实测结果	是否合格
外圆 $\phi35^{0}_{-0.062}$　Ra3.2		
外圆 $\phi24^{0}_{-0.052}$　Ra3.2		
内孔 $\phi26^{+0.084}_{0}$　Ra3.2		
长度 32、$15^{0}_{-0.16}$、11		
$\phi12$、C1(4 处)		
单件得分		

件 3：

检查项目	实测结果	是否合格
外圆 $\phi35^{0}_{-0.062}$　Ra3.2		
外圆 $\phi24^{0}_{-0.052}$　Ra3.2		
内孔 $\phi26^{+0.084}_{0}$　Ra3.2		
长度 32、$15^{0}_{-0.16}$、11		
$\phi12$、C1(4 处)		
单件得分		

评分人:　　　　　　　　　　　　　年　月　日

核分人:　　　　　　　　　　　　　年　月　日

赛题 3

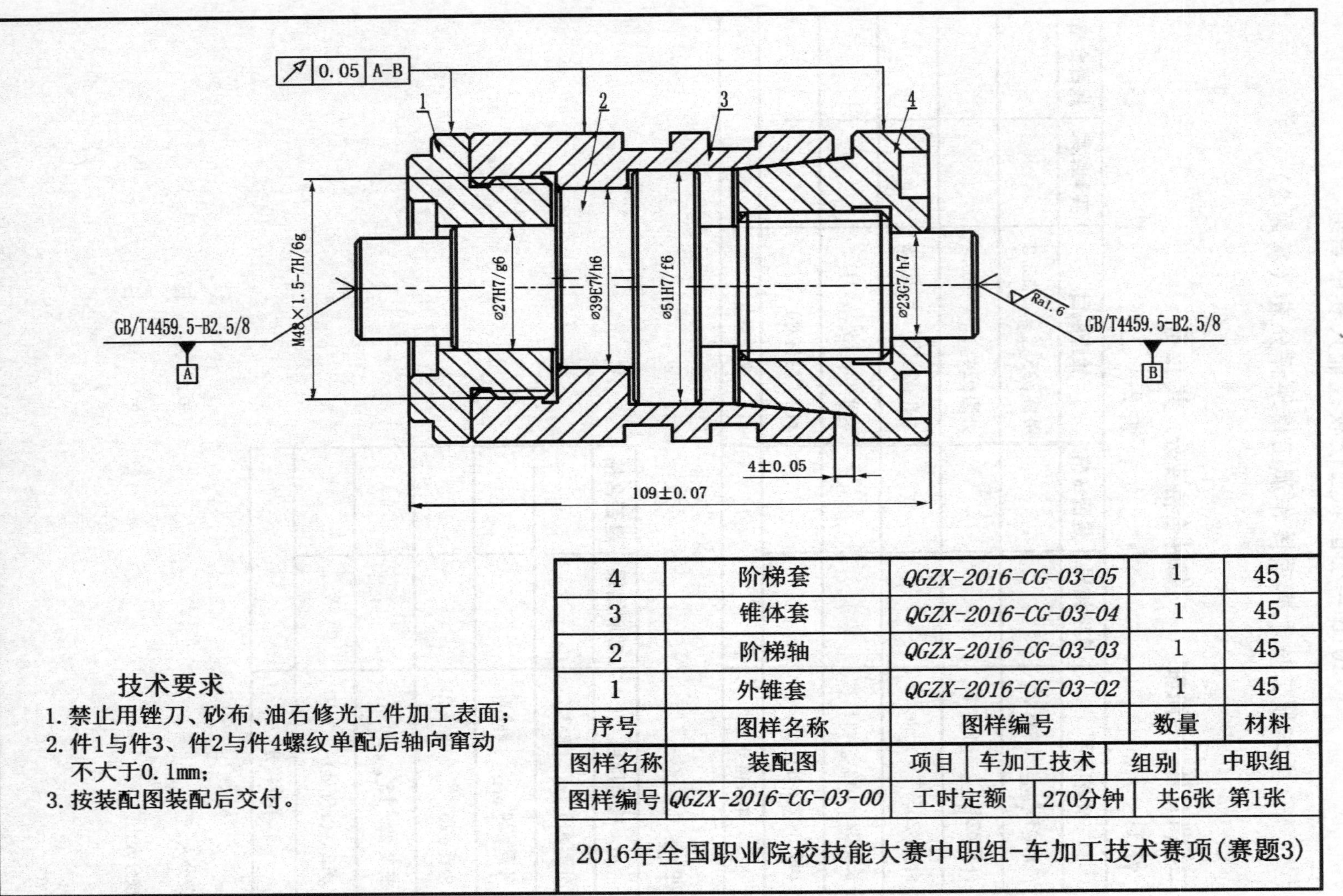
0.05 A-B
1
2
3
4
GB/T4459.5-B2.5/8
A
M48×1.5-7H/6g
⌀27H7/g6
⌀39E7/h6
⌀51H7/f6
⌀23G7/h7
Ra1.6
GB/T4459.5-B2.5/8
B
4±0.05
109±0.07
4 阶梯套 QGZX-2016-CG-03-05 1 45
3 锥体套 QGZX-2016-CG-03-04 1 45
2 阶梯轴 QGZX-2016-CG-03-03 1 45
1 外锥套 QGZX-2016-CG-03-02 1 45
序号 图样名称 图样编号 数量 材料
图样名称 装配图 项目 车加工技术 组别 中职组
图样编号 QGZX-2016-CG-03-00 工时定额 270分钟 共6张 第1张
2016年全国职业院校技能大赛中职组-车加工技术赛项(赛题3)
技术要求
1. 禁止用锉刀、砂布、油石修光工件加工表面;
2. 件1与件3、件2与件4螺纹单配后轴向窜动不大于0.1mm;
3. 按装配图装配后交付。

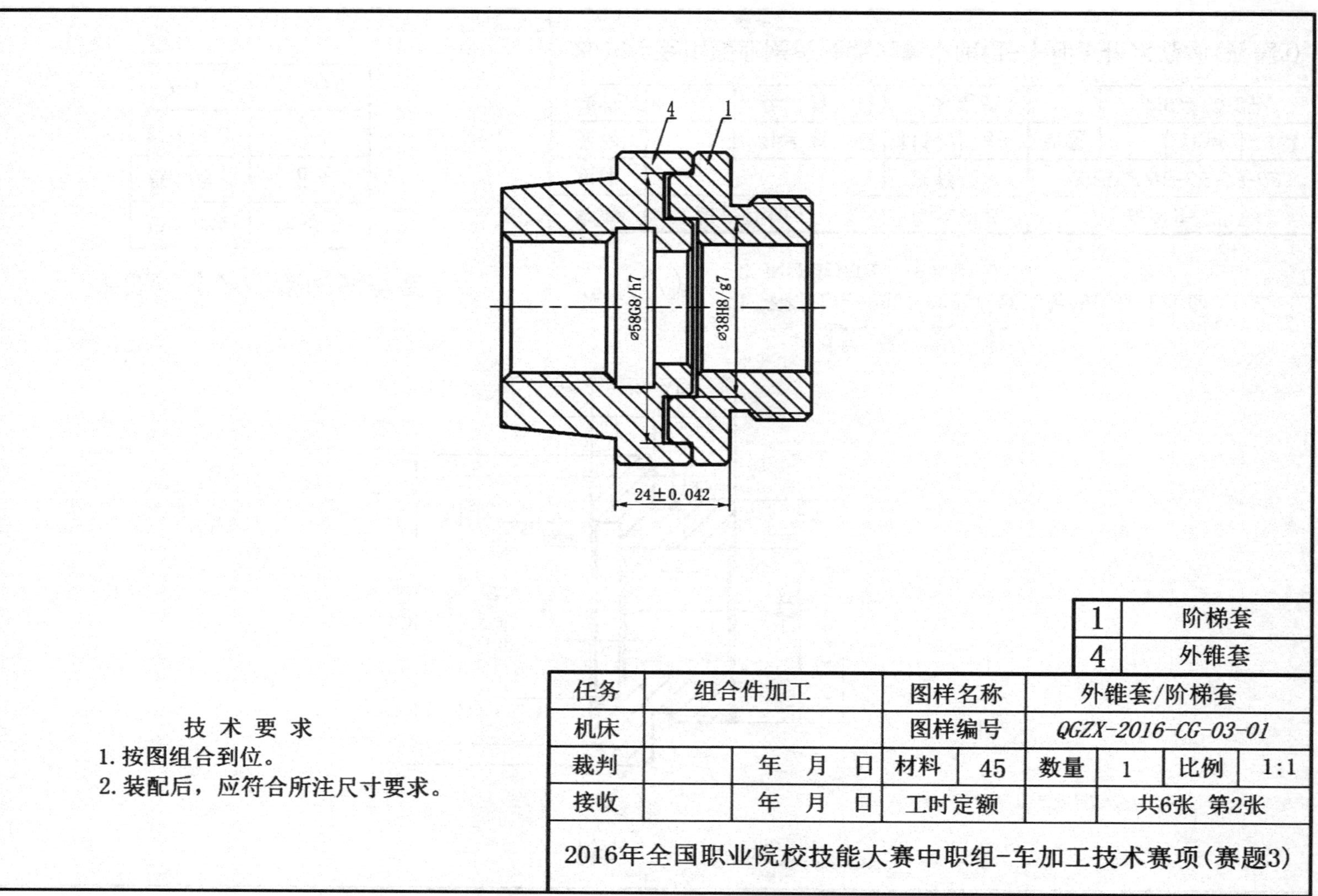
4
1
⌀58G8/h7
⌀38H8/g7
24±0.042
技 术 要 求
1. 按图组合到位。
2. 装配后，应符合所注尺寸要求。
1　阶梯套
4　外锥套
任务　组合件加工　图样名称　外锥套/阶梯套
机床　图样编号　QGZX-2016-CG-03-01
裁判　年　月　日　材料　45　数量　1　比例　1:1
接收　年　月　日　工时定额　共6张　第2张
2016年全国职业院校技能大赛中职组-车加工技术赛项(赛题3)

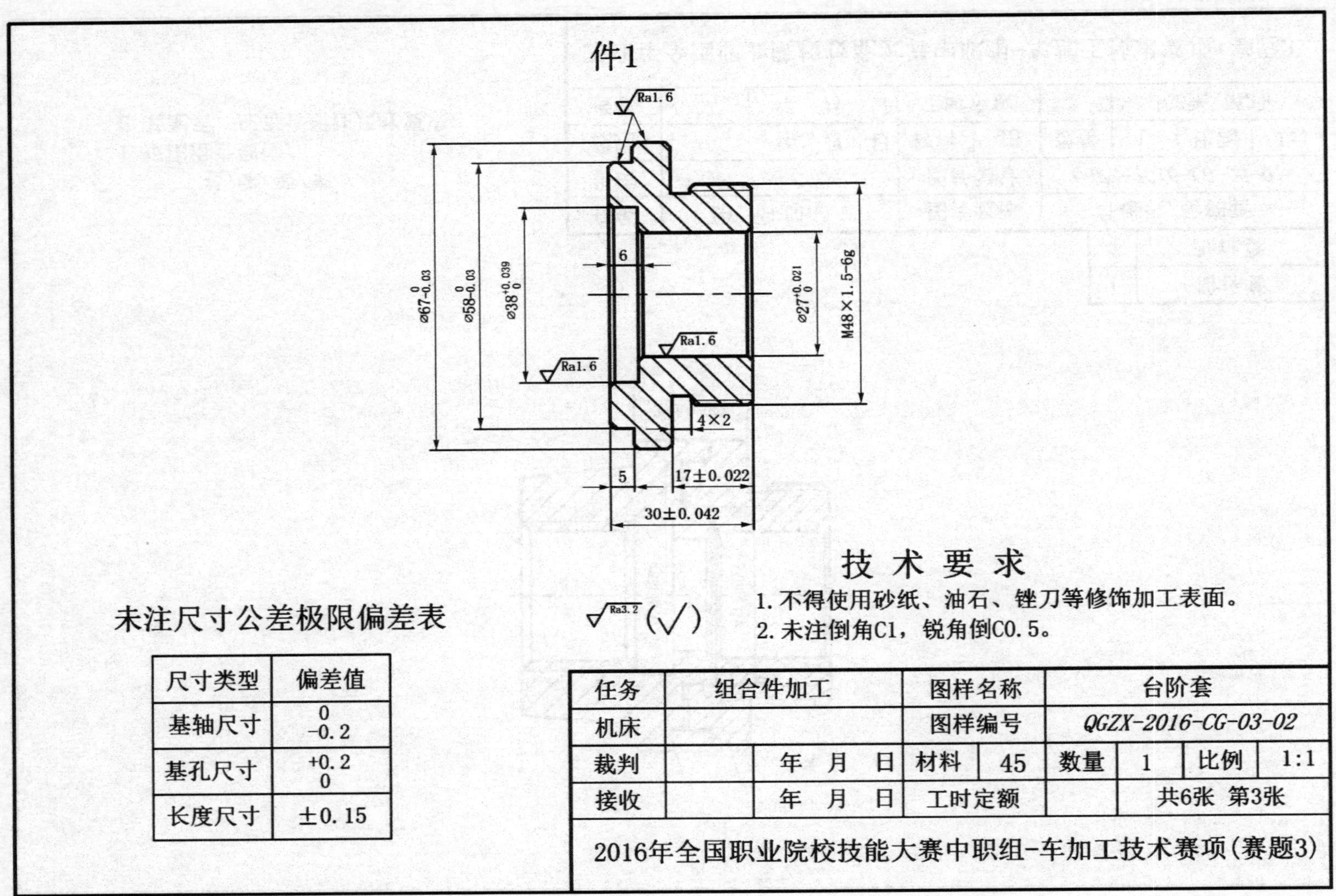

件1
Ra1.6
Ra1.6
Ra1.6
⌀67-0.03 0
⌀58-0.03 0
⌀38+0.039 0
6
⌀27+0.021 0
M48×1.5-6g
4×2
5
17±0.022
30±0.042
技术要求
Ra3.2 (√)
1. 不得使用砂纸、油石、锉刀等修饰加工表面。
2. 未注倒角C1，锐角倒C0.5。
未注尺寸公差极限偏差表
尺寸类型 | 偏差值
基轴尺寸 | 0 -0.2
基孔尺寸 | +0.2 0
长度尺寸 | ±0.15
任务 | 组合件加工 | 图样名称 | 台阶套
机床 | | 图样编号 | QGZX-2016-CG-03-02
裁判 | 年 月 日 | 材料 | 45 | 数量 | 1 | 比例 | 1:1
接收 | 年 月 日 | 工时定额 | | 共6张 第3张
2016年全国职业院校技能大赛中职组-车加工技术赛项(赛题3)

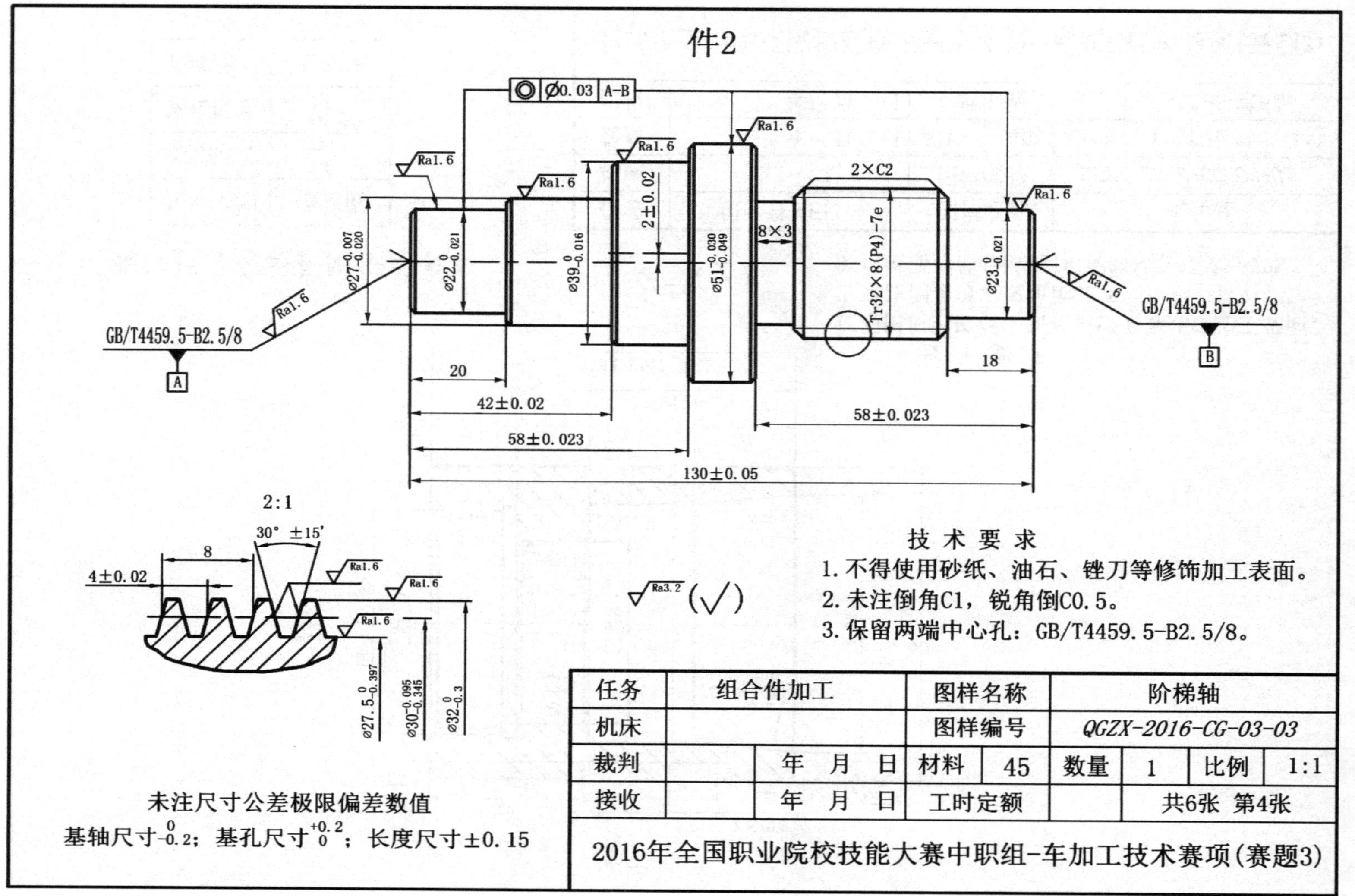
件2
Ø0.03 A-B
Ra1.6
2×C2
8×3
2±0.02
Ø27$_{-0.020}^{-0.007}$
Ø22$_{-0.021}^{0}$
Ø39$_{-0.016}^{0}$
Ø51$_{-0.049}^{-0.030}$
Tr32×8(P4)-7e
Ø23$_{-0.021}^{0}$
GB/T4459.5-B2.5/8
A
B
20
42±0.02
58±0.023
18
130±0.05
2:1
30° ±15'
8
4±0.02
Ø27.5$_{-0.397}^{0}$
Ø30$_{-0.345}^{-0.095}$
Ø32$_{-0.3}^{0}$
Ra3.2 (√)
技 术 要 求
1. 不得使用砂纸、油石、锉刀等修饰加工表面。
2. 未注倒角C1，锐角倒C0.5。
3. 保留两端中心孔：GB/T4459.5-B2.5/8。
未注尺寸公差极限偏差数值
基轴尺寸$_{-0.2}^{0}$；基孔尺寸$_{0}^{+0.2}$；长度尺寸±0.15
任务
组合件加工
图样名称
阶梯轴
机床
图样编号
QGZX-2016-CG-03-03
裁判
年 月 日
材料
45
数量
1
比例
1:1
接收
年 月 日
工时定额
共6张 第4张
2016年全国职业院校技能大赛中职组-车加工技术赛项(赛题3)

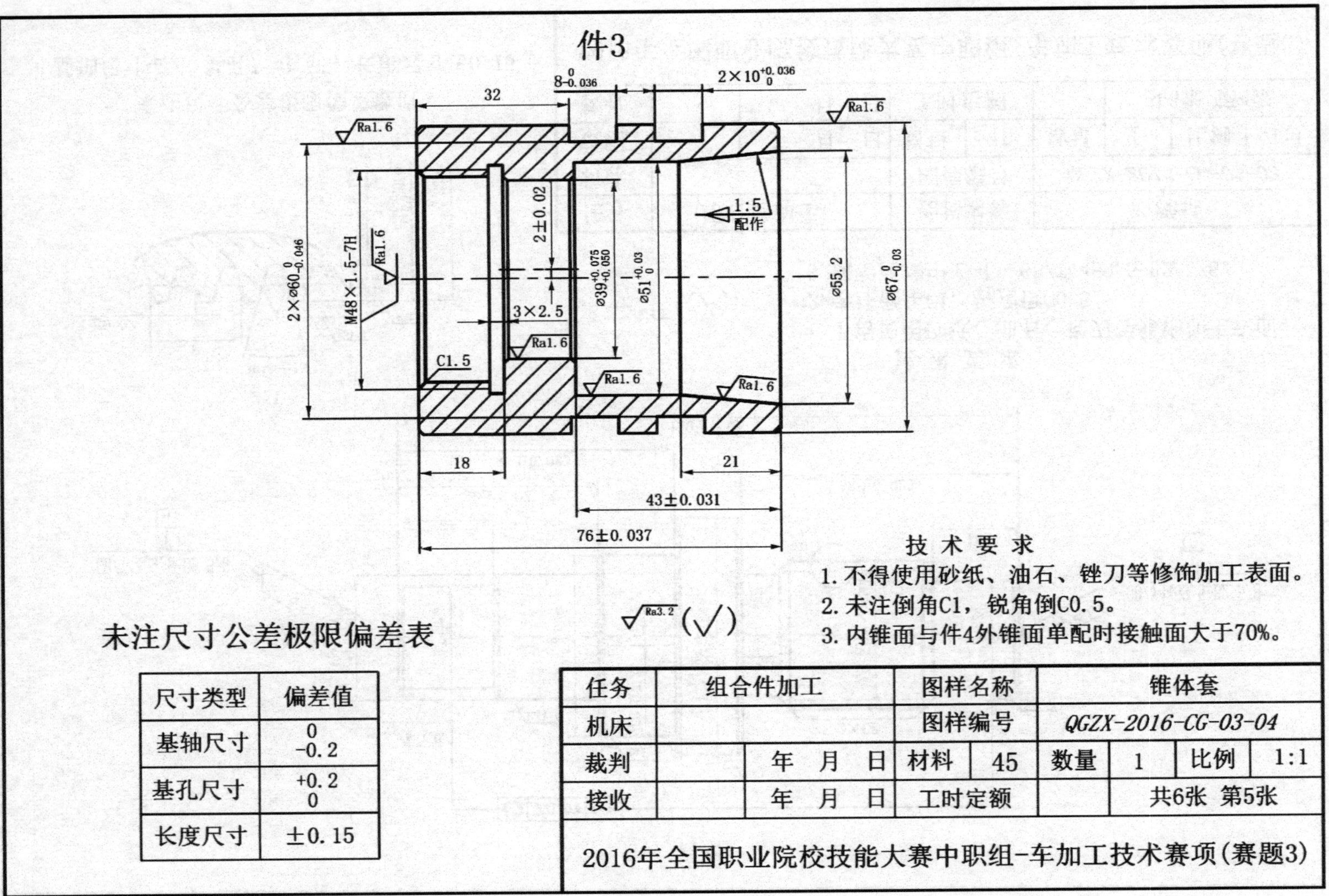

技术要求

1. 不得使用砂纸、油石、锉刀等修饰加工表面。
2. 未注倒角C1，锐角倒C0.5。
3. 内锥面与件4外锥面单配时接触面大于70%。

未注尺寸公差极限偏差表

尺寸类型	偏差值
基轴尺寸	0 -0.2
基孔尺寸	+0.2 0
长度尺寸	±0.15

任务	组合件加工		图样名称		锥体套			
机床			图样编号		QGZX-2016-CG-03-04			
裁判		年 月 日	材料	45	数量	1	比例	1:1
接收		年 月 日	工时定额		共6张 第5张			
2016年全国职业院校技能大赛中职组-车加工技术赛项(赛题3)								

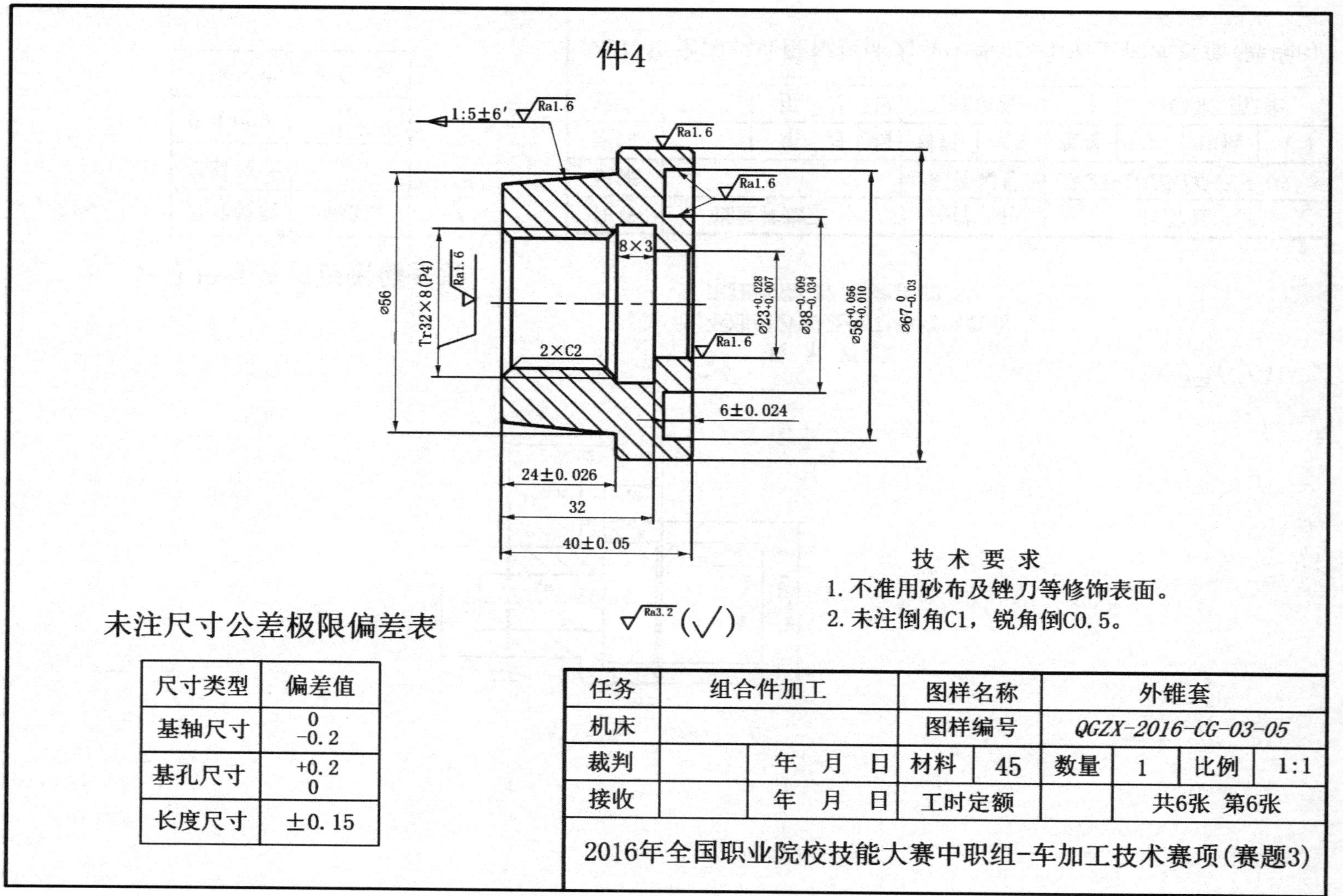

未注尺寸公差极限偏差表

尺寸类型	偏差值
基轴尺寸	0 -0.2
基孔尺寸	+0.2 0
长度尺寸	±0.15

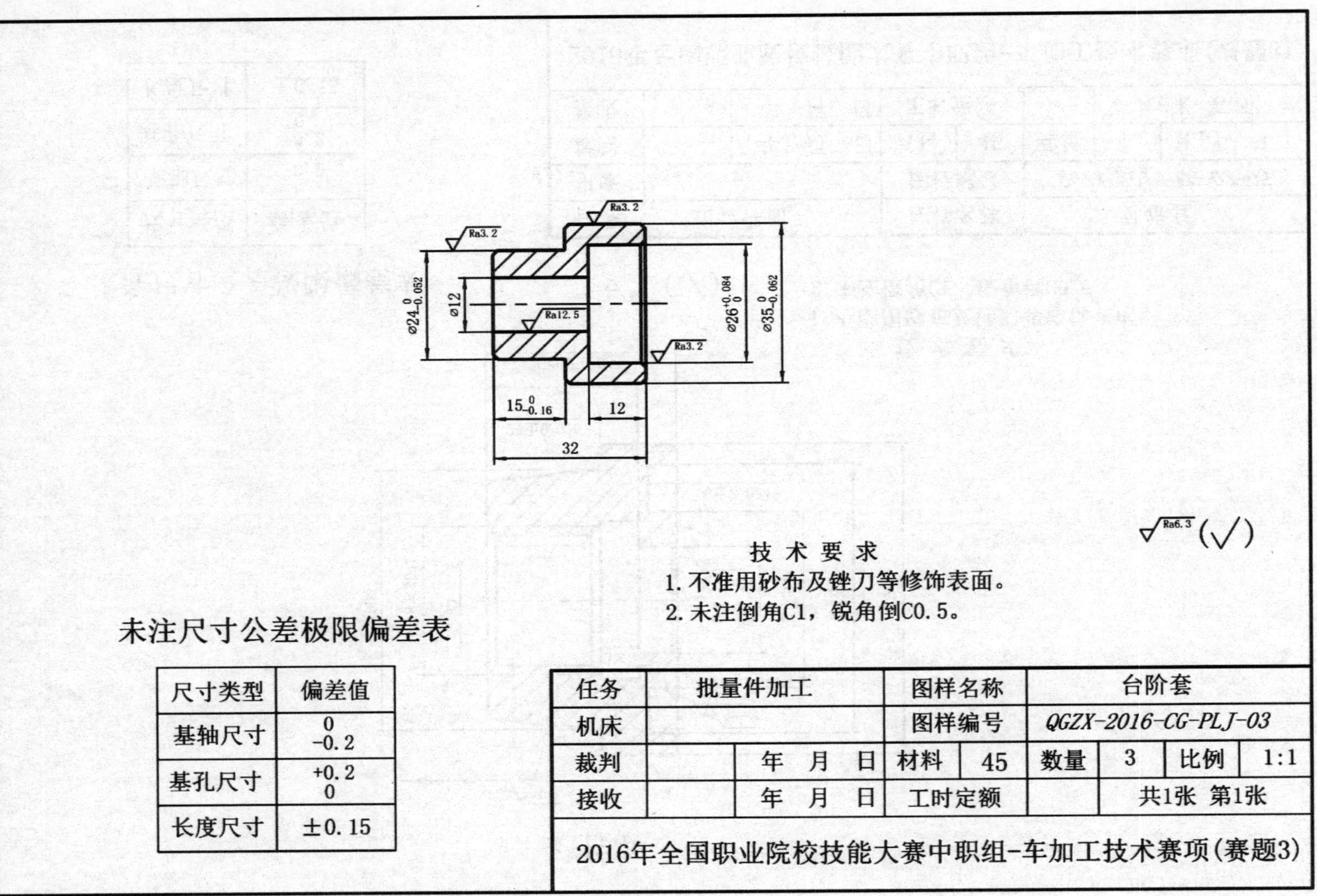

Ra3.2
Ra3.2
Ra12.5
Ra3.2
⌀24 0 −0.052
⌀12
⌀26 +0.084 0
⌀35 0 −0.062
15 0 −0.16
12
32
Ra6.3 (√)
技 术 要 求
1. 不准用砂布及锉刀等修饰表面。
2. 未注倒角C1，锐角倒C0.5。
未注尺寸公差极限偏差表
尺寸类型 | 偏差值
基轴尺寸 | 0 −0.2
基孔尺寸 | +0.2 0
长度尺寸 | ±0.15
任务 | 批量件加工 | 图样名称 | 台阶套
机床 | | 图样编号 | QGZX-2016-CG-PLJ-03
裁判 | 年 月 日 | 材料 | 45 | 数量 | 3 | 比例 | 1:1
接收 | 年 月 日 | 工时定额 | | 共1张 第1张
2016年全国职业院校技能大赛中职组-车加工技术赛项(赛题3)

赛题 3 评分表

2016 年全国职业院校技能大赛中职组
车加工技术赛项操作加工模块评分表（赛题 3）

一、组合件　（占总分 58%）　**赛件编号：**＿＿＿＿　**满分：**271.5　**得分：**＿＿＿

序号	技术要求		配分	评分标准	实测结果	扣分	得分	测量方法
	件1：台阶套		32					
1	外圆 $\phi67_{-0.03}^{0}$		3	超差全扣				
2	外圆 $\phi58_{-0.03}^{0}$		3	超差全扣				
3	内孔 $\phi38_{0}^{+0.039}$		3	超差全扣				
4	内孔 $\phi27_{0}^{+0.021}$		3	超差全扣				
5	外螺纹M48×1.5-6g		4	超差全扣				
6	30±0.042		3	超差全扣				CMM
7	17±0.022		3	超差全扣				CMM
8	槽 4×2		1	超差全扣				
9	6、5		1	超差一处扣0.5分				
10	C1(8 处)		2	超差一处扣0.25分				
11	粗糙度 Ra1.6	内外圆（4处）	4	一处1分，降级全扣				
12		外螺纹 M48（2 侧）	2	一侧1分，降级全扣				
	件2：阶梯轴		74					
13	外圆 $\phi51_{-0.049}^{-0.030}$		3	超差全扣				
14	外圆 $\phi22_{-0.021}^{0}$		3	超差全扣				
15	外圆 $\phi27_{-0.020}^{-0.007}$		3	超差全扣				
16	外圆 $\phi39_{-0.016}^{0}$		3	超差全扣 无偏心全扣				
17	外圆 $\phi23_{-0.021}^{0}$		3	超差全扣				
18	梯形螺纹大径 $\phi32_{-0.3}^{0}$		1	超差全扣				
19	梯形螺纹中径 $\phi30_{-0.345}^{-0.095}$		8	超差全扣				
20	梯形螺纹小径 $\phi27.5_{-0.397}^{0}$		1	超差全扣				
21	分线螺距4±0.02		6	超差0.01扣3分				
22	牙形角30°±15′		2	超差全扣				CMM
23	偏心距 2±0.02		5	超差0.01扣2分				CMM
24	130±0.05		3	超差全扣				CMM

2016年全国职业院校技能大赛中职组

车加工技术赛项操作加工模块评分表（赛题3）

25	42±0.02		3	超差全扣				CMM
26	58±0.023（左）		3	超差全扣				CMM
27	58±0.023（右）		3	超差全扣				CMM
28	槽8×3		1	超差全扣				
29	20、18		1	超差一处扣0.5分				
30	C2（2处）、C1(6处)		2	超差一处扣0.25分				
31	中心孔B2.5/8		2	超差一处扣1分				
32	◎ ⌀0.03 A-B (3处)		6	超差一处扣2分				
33	粗糙度Ra1.6	外圆（5处）	5	一处1分，降级全扣				
34		梯形螺纹大、小径	2	一处1分，降级全扣				
35		梯形螺纹中径（4侧）	4	一侧1分，降级全扣				
36		中心孔（2个）	1	一处0.5分，降级全扣				
	件3：锥体套		**57.25**					
37	外圆$\phi67^{0}_{-0.03}$		4	超差全扣				
38	沟槽$\phi60^{0}_{-0.046}$（2处）		6	超差一处扣3分				
39	内孔$\phi39^{+0.075}_{+0.050}$		3	超差全扣 无偏心全扣分				
40	内孔$\phi51^{+0.03}_{0}$		3	超差全扣				
41	内螺纹M48×1.5-7H		4	与件1配合后轴向窜动不大于0.1mm				
42	内锥1:5		4	与件4接触面≥70%，每少10%扣2分				
43	偏心距2±0.02		5	超差0.01扣3分				CMM
44	$8^{0}_{-0.036}$		3	超差全扣				CMM
45	$2\times10^{+0.036}_{0}$		6	超差一处扣3分				CMM
46	76±0.037		3	超差全扣				CMM
47	43±0.031		3	超差全扣				CMM
48	内沟槽3×2.5		1	超差全扣				
49	32、18、21、$\phi55.2$		2	超差一处扣0.5分				
50	C1(4处)、C1.5		1.25	超差一处扣0.25分				
51	粗糙度Ra1.6	内外圆（5处）	5	一处1分，降级全扣				
52		内锥1:5	2	降级全扣				
53		内螺纹M48（2侧）	2	一侧1分，降级全扣				
	件4：外锥套		**47.25**					
54	外圆$\phi67^{0}_{-0.03}$		3	超差全扣				
55	端面槽$\phi58^{+0.056}_{+0.010}$		3	超差全扣				

2016年全国职业院校技能大赛中职组

车加工技术赛项操作加工模块评分表（赛题3）

56	端面槽$\phi38_{-0.034}^{-0.009}$		3	超差全扣				
57	内孔$\phi23_{+0.007}^{+0.028}$		3	超差全扣				
58	外锥 1:5±6′		4	超差2′ 扣2分				CMM
59	内梯形螺纹Tr32×8（P4）		6	与件2配合轴向窜动不大于0.1mm				
60	内梯形螺纹小径$\phi28_{0}^{+0.375}$		1	超差全扣				
61	40±0.05		3	超差全扣				CMM
62	24±0.026		3	超差全扣				CMM
63	6±0.024		3	超差全扣				CMM
64	内沟槽 8×3		1	超差全扣				
65	32、$\phi56$		1	超差一处扣0.5分				
66	C2（2处）、C1(3处)		1.25	超差一处扣0.25分				
67	粗糙度Ra1.6	内外圆（2处）	2	一处1分，降级全扣				
68		端面槽（2处）	2	一处1分，降级全扣				
69		内梯形螺纹牙侧(4处)	4	一侧1分，降级全扣				
70		内梯形螺纹牙顶	1	降级全扣				
71		外锥面 1:5	2	降级全扣				
	装配及零件完整度		**62**					
72	装配成型		12	一处不能装配扣4分				
74	109±0.07		6	超差0.01扣3分				CMM
75	4±0.05		6	超差0.01扣3分				CMM
76	24±0.042		6	超差0.01扣3分				CMM
77	↗ 0.05 A-B （3处）		12	超差一处扣4分（无偏心扣除偏心处跳动）				
78	工件完整度（4件）		20	一处未完成扣2分				

评分人:　　　　　　　　　　　　年　　月　　日

核分人:　　　　　　　　　　　　年　　月　　日

2016年全国职业院校技能大赛中职组

车加工技术赛项操作加工模块评分表（赛题3）

二、批量件：台阶轴　　　　每件合格4分，共12分

件1：

检查项目	实测结果	是否合格
外圆 $\phi35^{0}_{-0.062}$　Ra3.2		
外圆 $\phi24^{0}_{-0.052}$　Ra3.2		
内孔 $\phi26^{+0.084}_{0}$　Ra3.2		
长度32、$15^{0}_{-0.16}$、12		
$\phi12$、C1(4处)		
单件得分		

件2：

检查项目	实测结果	是否合格
外圆 $\phi35^{0}_{-0.062}$　Ra3.2		
外圆 $\phi24^{0}_{-0.052}$　Ra3.2		
内孔 $\phi26^{+0.084}_{0}$　Ra3.2		
长度32、$15^{0}_{-0.16}$、12		
$\phi12$、C1(4处)		
单件得分		

件3：

检查项目	实测结果	是否合格
外圆 $\phi35^{0}_{-0.062}$　Ra3.2		
外圆 $\phi24^{0}_{-0.052}$　Ra3.2		
内孔 $\phi26^{+0.084}_{0}$　Ra3.2		
长度32、$15^{0}_{-0.16}$、12		
$\phi12$、C1(4处)		
单件得分		

评分人:　　　　　　　　　　　　　　年　月　日

核分人:　　　　　　　　　　　　　　年　月　日

赛题 4

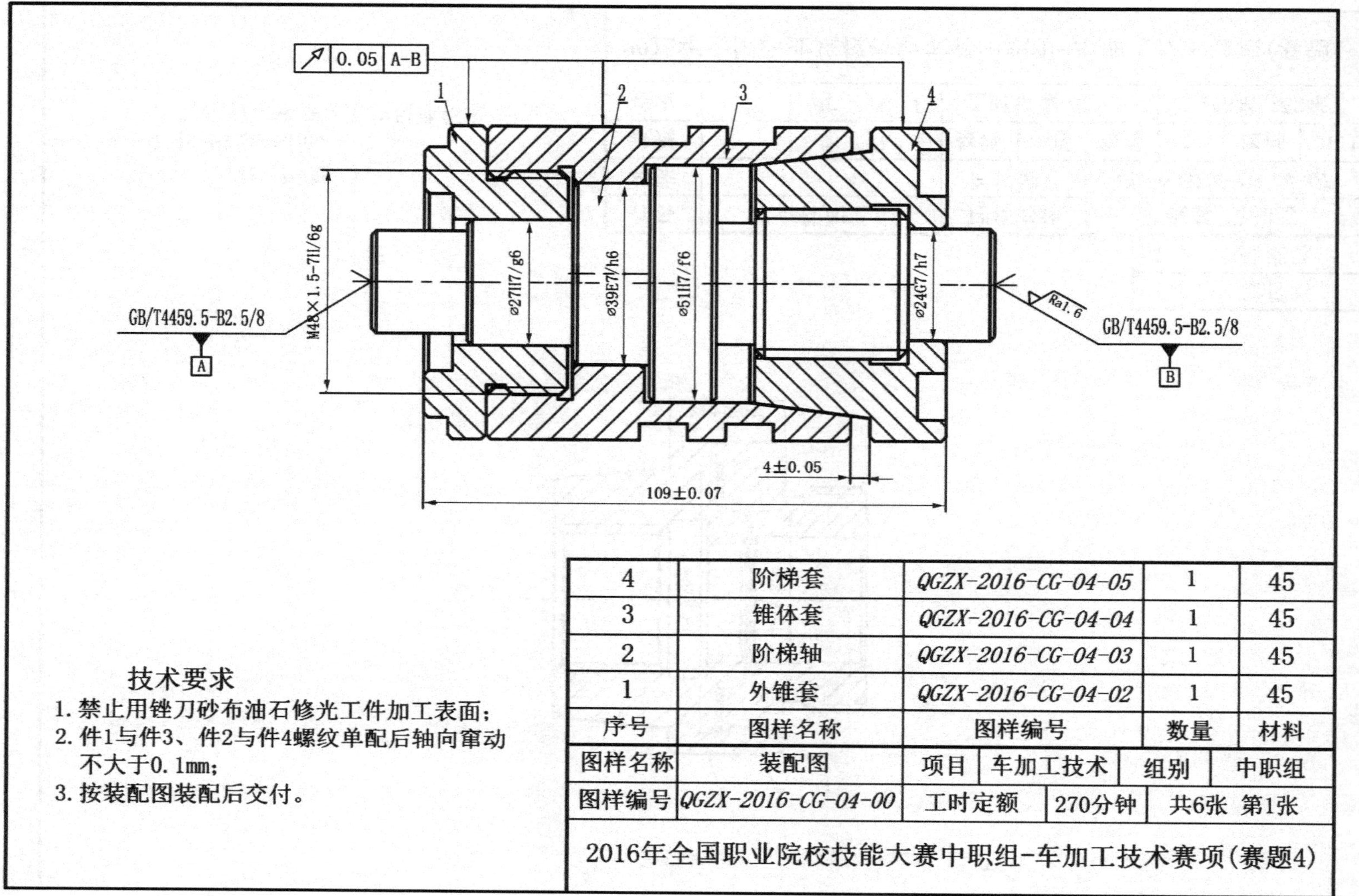
0.05 A-B
1
2
3
4
M48×1.5-7H/6g
GB/T4459.5-B2.5/8
A
⌀27H7/g6
⌀39E7/h6
⌀51H7/f6
⌀24G7/h7
Ra1.6
GB/T4459.5-B2.5/8
B
4±0.05
109±0.07
技术要求
1. 禁止用锉刀砂布油石修光工件加工表面；
2. 件1与件3、件2与件4螺纹单配后轴向窜动不大于0.1mm；
3. 按装配图装配后交付。
4 阶梯套 QGZX-2016-CG-04-05 1 45
3 锥体套 QGZX-2016-CG-04-04 1 45
2 阶梯轴 QGZX-2016-CG-04-03 1 45
1 外锥套 QGZX-2016-CG-04-02 1 45
序号 图样名称 图样编号 数量 材料
图样名称 装配图 项目 车加工技术 组别 中职组
图样编号 QGZX-2016-CG-04-00 工时定额 270分钟 共6张 第1张
2016年全国职业院校技能大赛中职组-车加工技术赛项(赛题4)

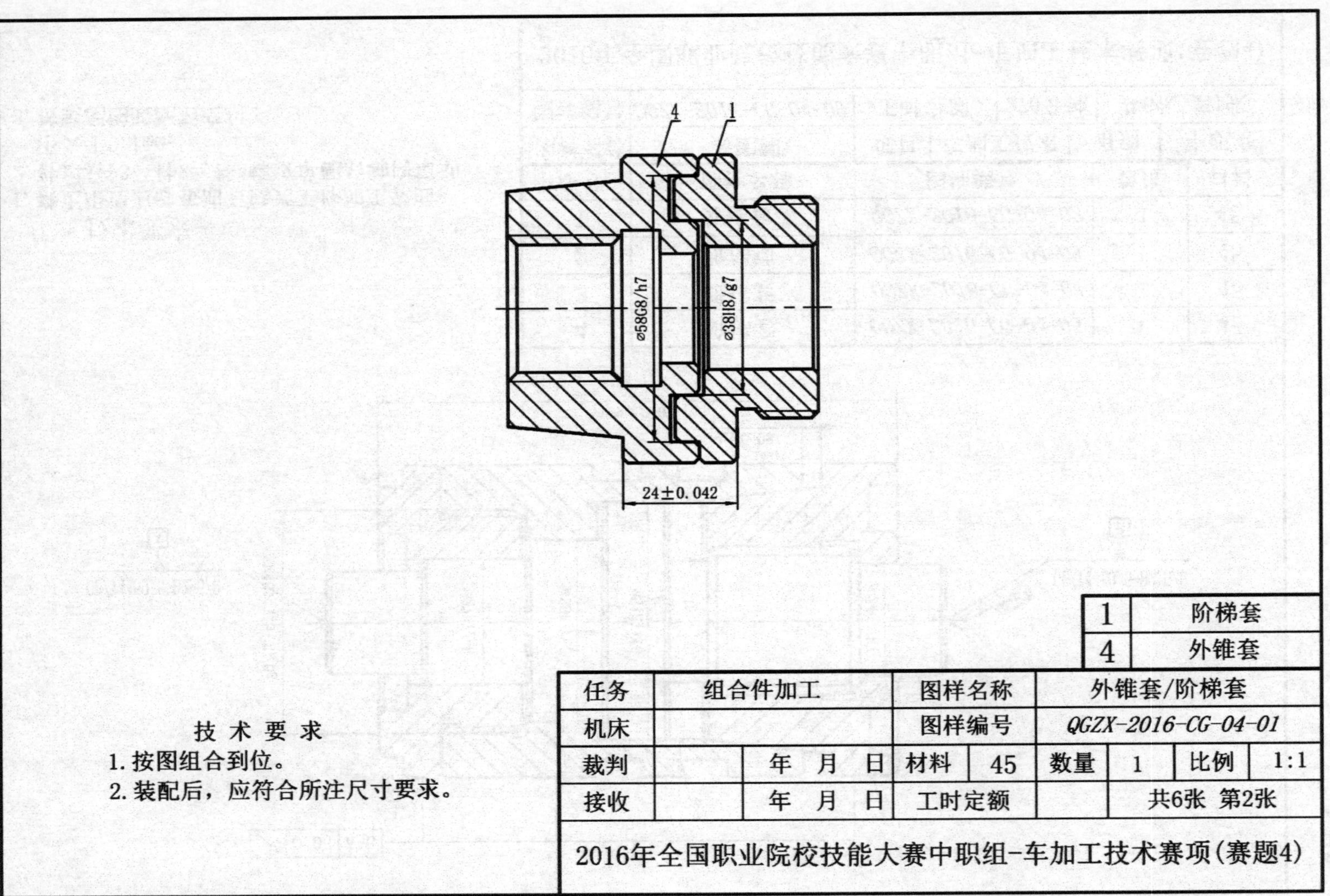
4
1
⌀58G8/h7
⌀38H8/g7
24±0.042
技 术 要 求
1. 按图组合到位。
2. 装配后，应符合所注尺寸要求。
1 阶梯套
4 外锥套
任务 组合件加工 图样名称 外锥套/阶梯套
机床 图样编号 QGZX-2016-CG-04-01
裁判 年 月 日 材料 45 数量 1 比例 1:1
接收 年 月 日 工时定额 共6张 第2张
2016年全国职业院校技能大赛中职组-车加工技术赛项(赛题4)

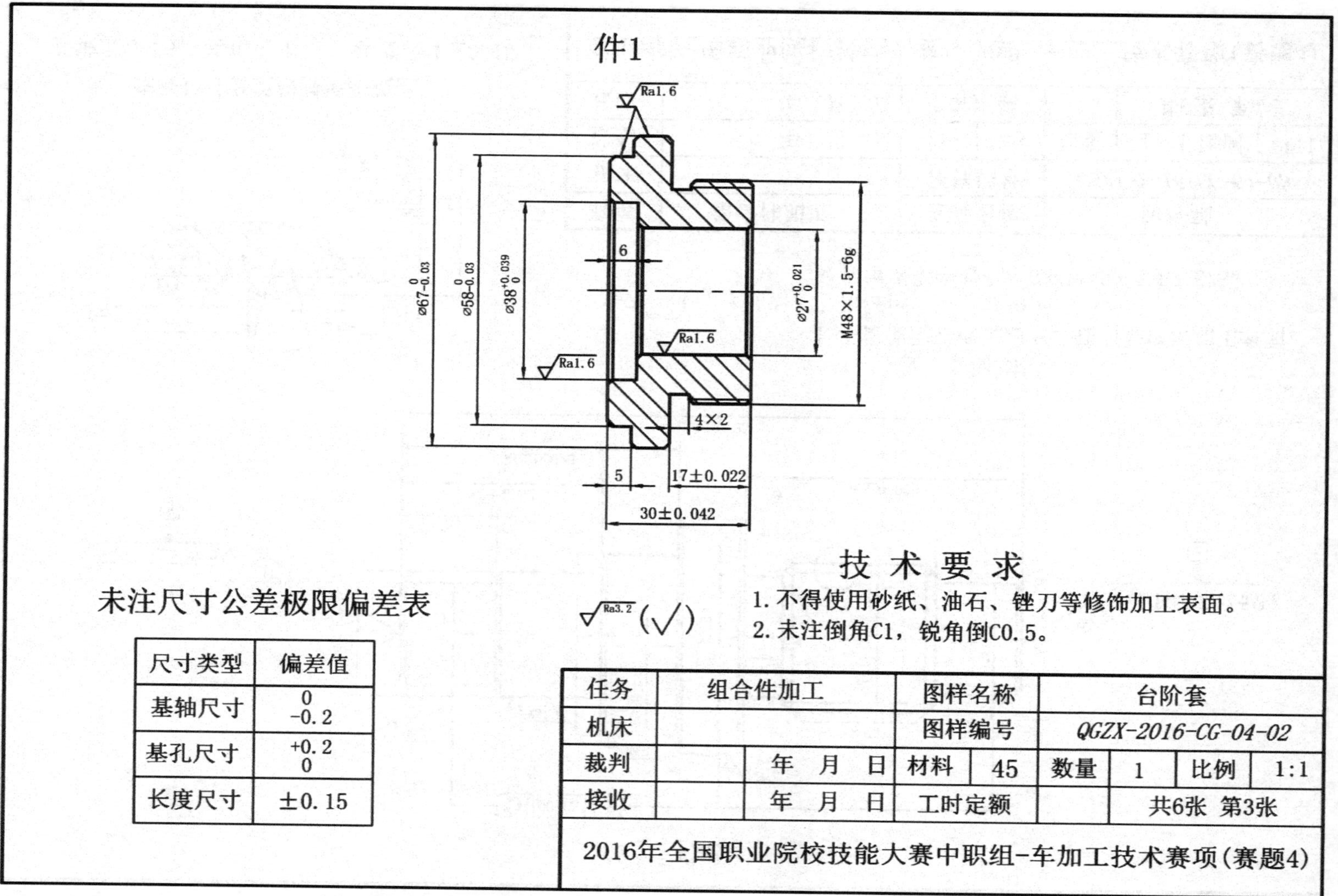

技 术 要 求

1. 不得使用砂纸、油石、锉刀等修饰加工表面。
2. 未注倒角C1，锐角倒C0.5。

未注尺寸公差极限偏差表

尺寸类型	偏差值
基轴尺寸	0 -0.2
基孔尺寸	+0.2 0
长度尺寸	±0.15

任务	组合件加工			图样名称	台阶套			
机床				图样编号	QGZX-2016-CG-04-02			
裁判		年　月　日		材料	45	数量	1	比例 1:1
接收		年　月　日		工时定额		共6张　第3张		
2016年全国职业院校技能大赛中职组-车加工技术赛项(赛题4)								

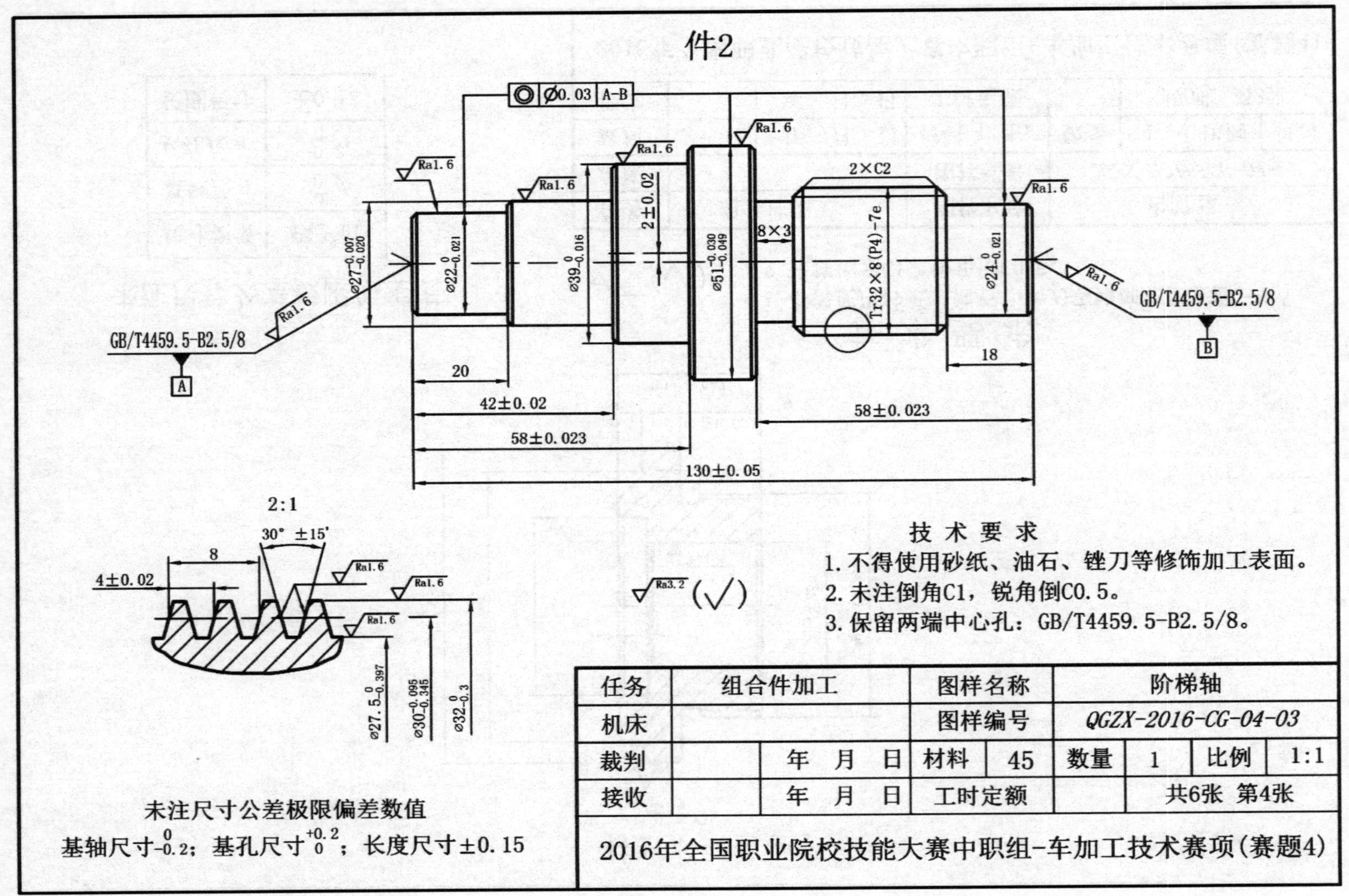
件2
⌀0.03 A-B
Ra1.6
2×C2
Tr32×8(P4)-7e
8×3
2±0.02
18
20
42±0.02
58±0.023
58±0.023
130±0.05
GB/T4459.5-B2.5/8
GB/T4459.5-B2.5/8
2:1
30° ±15′
8
4±0.02
技术要求
1. 不得使用砂纸、油石、锉刀等修饰加工表面。
2. 未注倒角C1，锐角倒C0.5。
3. 保留两端中心孔：GB/T4459.5-B2.5/8。
Ra3.2 (√)
未注尺寸公差极限偏差数值
任务
组合件加工
图样名称
阶梯轴
机床
图样编号
QGZX-2016-CG-04-03
裁判
年 月 日
材料
45
数量
1
比例
1:1
接收
年 月 日
工时定额
共6张 第4张
2016年全国职业院校技能大赛中职组-车加工技术赛项(赛题4)

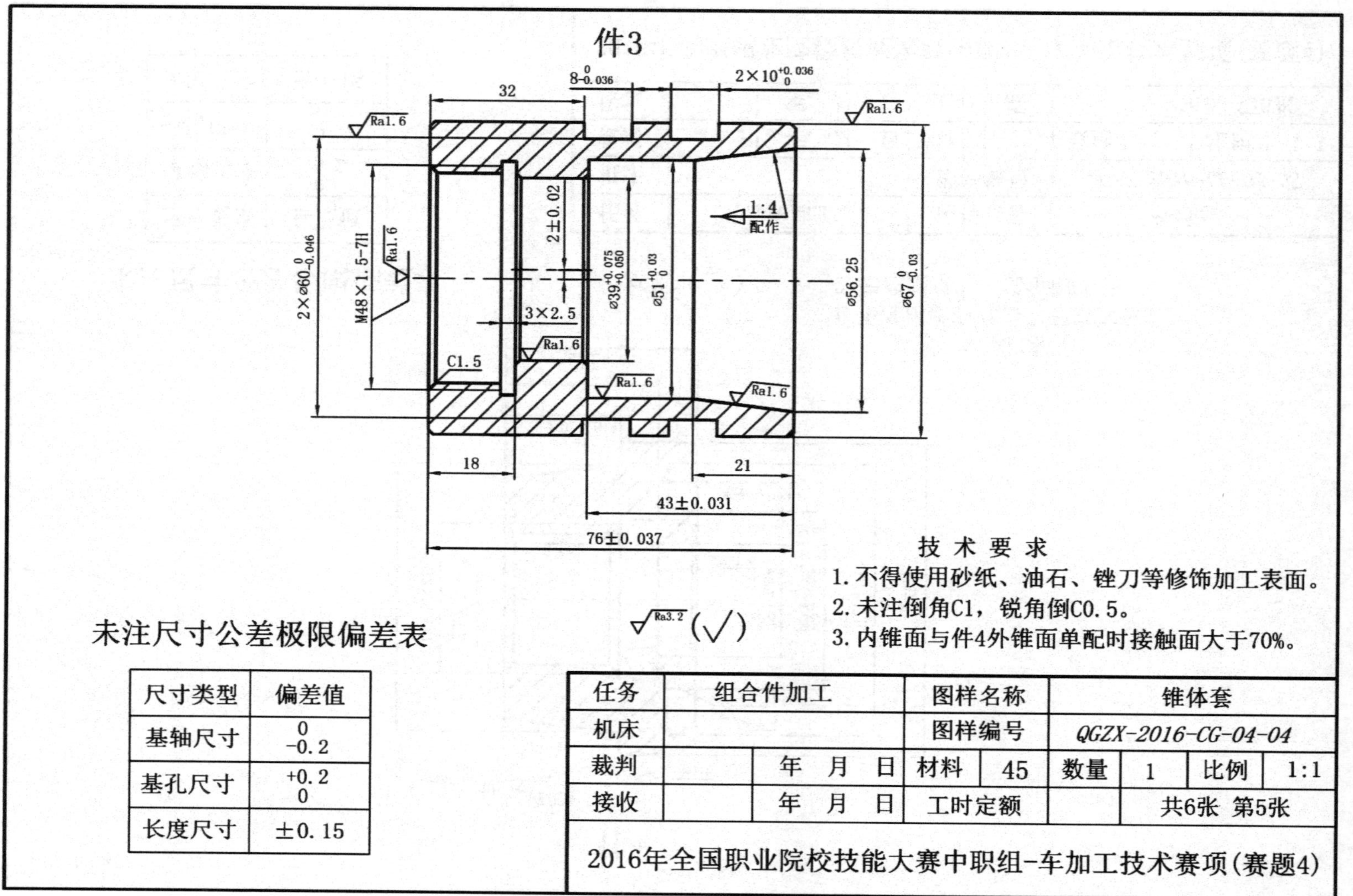

技 术 要 求

1. 不得使用砂纸、油石、锉刀等修饰加工表面。
2. 未注倒角C1，锐角倒C0.5。
3. 内锥面与件4外锥面单配时接触面大于70%。

未注尺寸公差极限偏差表

尺寸类型	偏差值
基轴尺寸	0 −0.2
基孔尺寸	+0.2 0
长度尺寸	±0.15

任务	组合件加工		图样名称		锥体套			
机床			图样编号		QGZX-2016-CG-04-04			
裁判		年　月　日	材料	45	数量	1	比例	1:1
接收		年　月　日	工时定额		共6张 第5张			
2016年全国职业院校技能大赛中职组-车加工技术赛项(赛题4)								

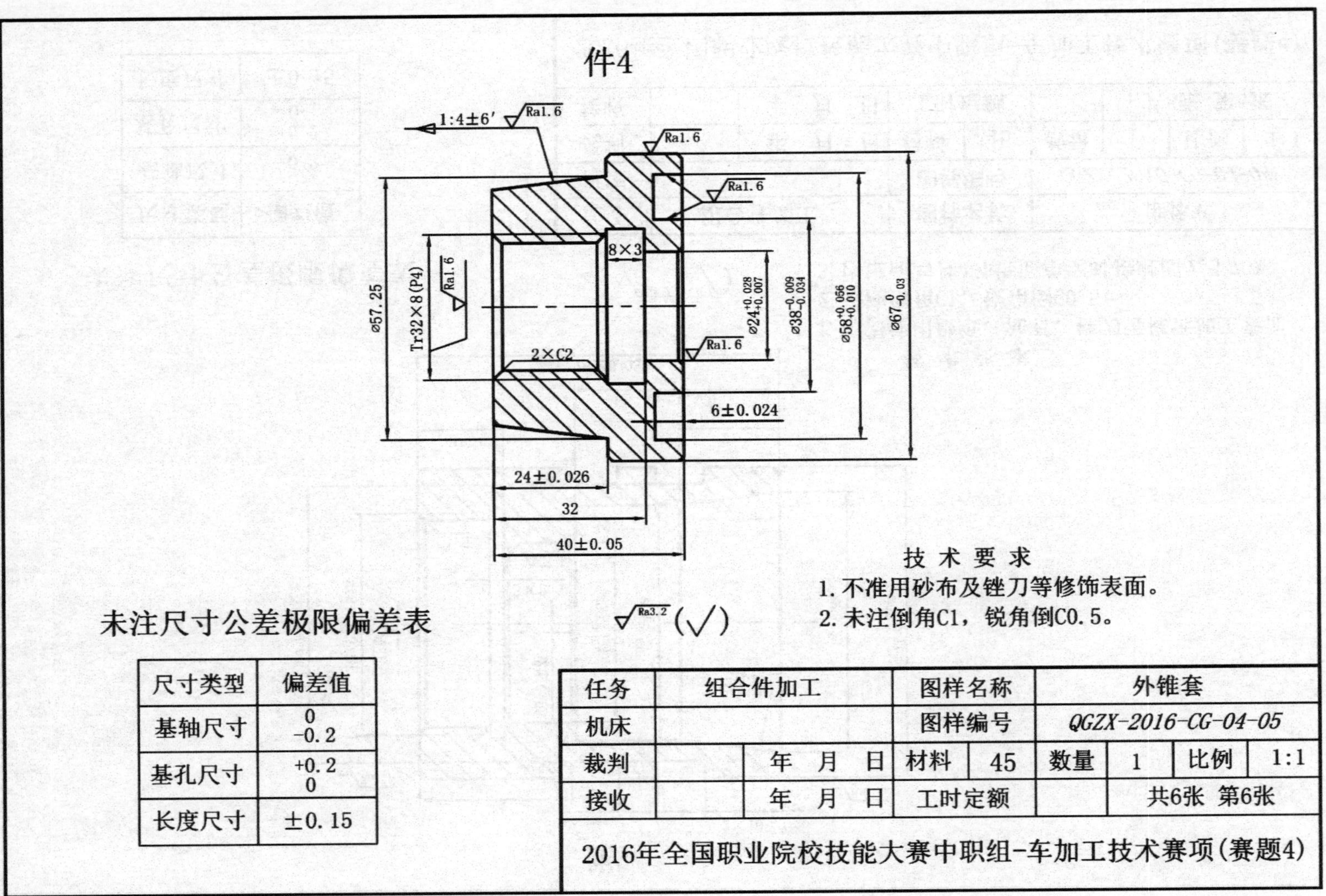

尺寸类型	偏差值
基轴尺寸	0 -0.2
基孔尺寸	+0.2 0
长度尺寸	±0.15

任务	组合件加工		图样名称	外锥套	
机床			图样编号	QGZX-2016-CG-04-05	
裁判	年 月 日	材料	45	数量 1	比例 1:1
接收	年 月 日	工时定额		共6张 第6张	

2016年全国职业院校技能大赛中职组-车加工技术赛项(赛题4)

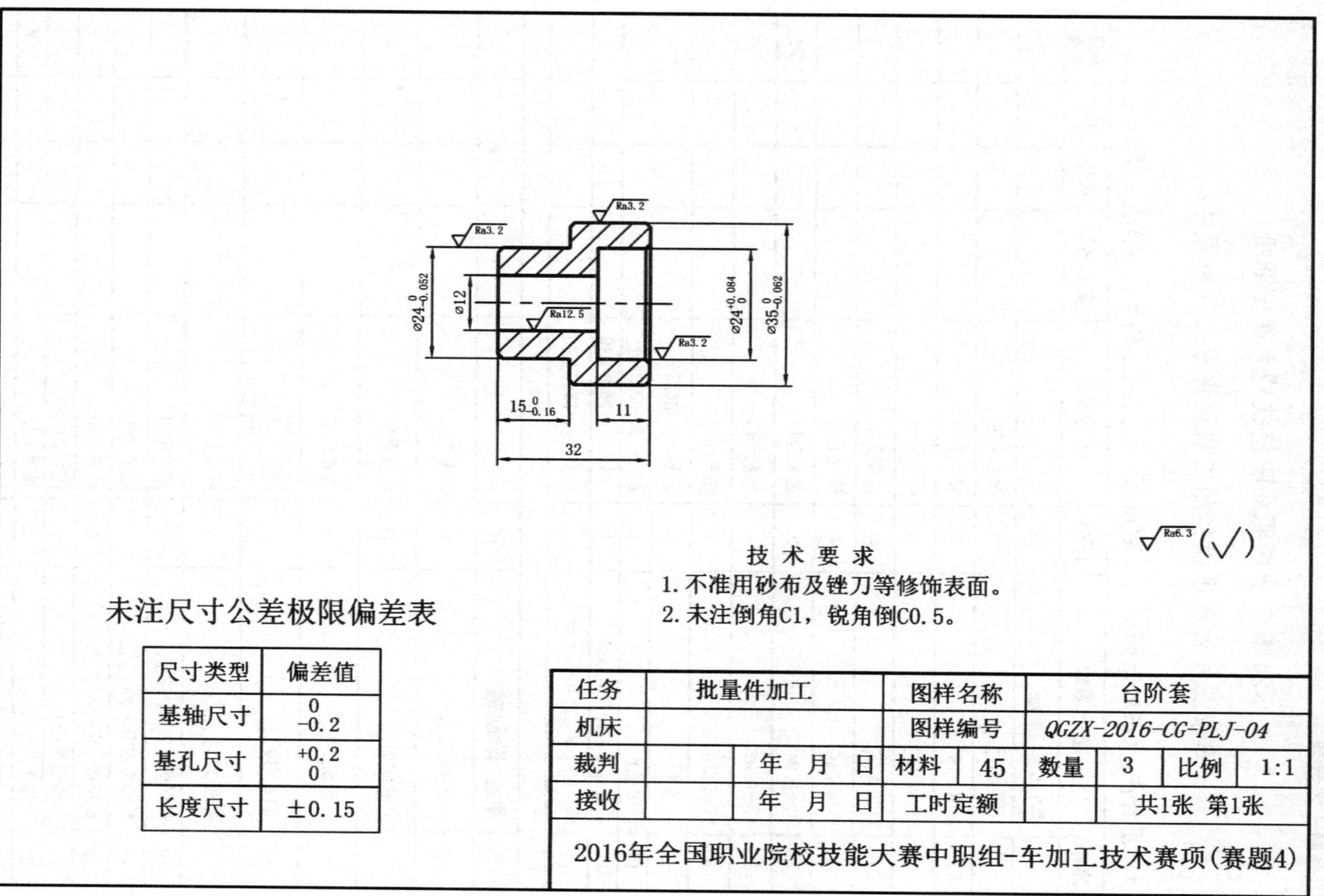

技 术 要 求

1. 不准用砂布及锉刀等修饰表面。
2. 未注倒角C1，锐角倒C0.5。

未注尺寸公差极限偏差表

尺寸类型	偏差值
基轴尺寸	0 -0.2
基孔尺寸	+0.2 0
长度尺寸	±0.15

任务	批量件加工		图样名称	台阶套			
机床			图样编号	QGZX-2016-CG-PLJ-04			
裁判		年　月　日	材料	45	数量	3	比例 1:1
接收		年　月　日	工时定额		共1张 第1张		
2016年全国职业院校技能大赛中职组-车加工技术赛项(赛题4)							

赛题 4 评分表

2016 年全国职业院校技能大赛中职组

车加工技术赛项操作加工模块评分表（赛题 4）

一、组合件 （占总分 58%）　　赛件编号：________　满分：271.5　得分：______

序号	技术要求		配分	评分标准	实测结果	扣分	得分	测量方法
	件1：台阶套		32					
1	外圆 $\phi67_{-0.03}^{0}$		3	超差全扣				
2	外圆 $\phi58_{-0.03}^{0}$		3	超差全扣				
3	内孔 $\phi38_{0}^{+0.039}$		3	超差全扣				
4	内孔 $\phi27_{0}^{+0.021}$		3	超差全扣				
5	外螺纹M48×1.5-6g		4	超差全扣				
6	30±0.042		3	超差全扣				CMM
7	17±0.022		3	超差全扣				CMM
8	槽 4×2		1	超差全扣				
9	6、5		1	超差一处扣0.5分				
10	C1(8 处)		2	超差一处扣0.25分				
11	粗糙度 Ra1.6	内外圆（4处）	4	一处1分，降级全扣				
12		外螺纹 M48（2 侧）	2	一侧1分，降级全扣				
	件2：阶梯轴		74					
13	外圆 $\phi51_{-0.049}^{-0.030}$		3	超差全扣				
14	外圆 $\phi22_{-0.021}^{0}$		3	超差全扣				
15	外圆 $\phi27_{-0.020}^{-0.007}$		3	超差全扣				
16	外圆 $\phi39_{-0.016}^{0}$		3	超差全扣 无偏心全扣				
17	外圆 $\phi24_{-0.021}^{0}$		3	超差全扣				
18	梯形螺纹大径 $\phi32_{-0.3}^{0}$		1	超差全扣				
19	梯形螺纹中径 $\phi30_{-0.345}^{-0.095}$		8	超差全扣				
20	梯形螺纹小径 $\phi27.5_{-0.397}^{0}$		1	超差全扣				
21	分线螺距4±0.02		6	超差0.01扣3分				
22	牙形角30°±15′		2	超差全扣				CMM
23	偏心距 2±0.02		5	超差0.01扣2分				CMM
24	130±0.05		3	超差全扣				CMM

2016年全国职业院校技能大赛中职组

车加工技术赛项操作加工模块评分表（赛题4）

25	42±0.02		3	超差全扣				CMM
26	58±0.023（左）		3	超差全扣				CMM
27	58±0.023（右）		3	超差全扣				CMM
28	槽8×3		1	超差全扣				
29	20、18		1	超差一处扣0.5分				
30	C2（2处）、C1(6处)		2	超差一处扣0.25分				
31	中心孔B2.5/8		2	超差一处扣1分				
32	◎ ⌀0.03 A-B（3处）		6	超差一处扣2分				
33	粗糙度Ra1.6	外圆（5处）	5	一处1分，降级全扣				
34		梯形螺纹大、小径	2	一处1分，降级全扣				
35		梯形螺纹中径（4侧）	4	一侧1分，降级全扣				
36		中心孔（2个）	1	一处0.5分，降级全扣				
	件3：锥体套		**57.25**					
37	外圆$\phi67^{0}_{-0.03}$		4	超差全扣				
38	沟槽$\phi60^{0}_{-0.046}$（2处）		6	超差一处扣3分				
39	内孔$\phi39^{+0.075}_{+0.050}$		3	超差全扣 无偏心全扣分				
40	内孔$\phi51^{+0.03}_{0}$		3	超差全扣				
41	内螺纹M48×1.5-7H		4	与件1配合后轴向窜动不大于0.1mm				
42	内锥1:4		4	与件4接触面≥70%，每少10%扣2分				
43	偏心距2±0.02		5	超差0.01扣3分				CMM
44	$8^{0}_{-0.036}$		3	超差全扣				CMM
45	$2\times10^{+0.036}_{0}$		6	超差一处扣3分				CMM
46	76±0.037		3	超差全扣				CMM
47	43±0.031		3	超差全扣				CMM
48	内沟槽3×2.5		1	超差全扣				
49	32、18、21、$\phi56.25$		2	超差一处扣0.5分				
50	C1(4处)、C1.5		1.25	超差一处扣0.25分				
51	粗糙度Ra1.6	内外圆（5处）	5	一处1分，降级全扣				
52		内锥1:4	2	降级全扣				
53		内螺纹M48（2侧）	2	一侧1分，降级全扣				
	件4：外锥套		**46.25**					
54	外圆$\phi67^{0}_{-0.03}$		3	超差全扣				
55	端面槽$\phi58^{+0.056}_{+0.010}$		3	超差全扣				

2016年全国职业院校技能大赛中职组

车加工技术赛项操作加工模块评分表（赛题4）

56	端面槽 $\phi38_{-0.034}^{-0.009}$		3	超差全扣				
57	内孔 $\phi24_{+0.007}^{+0.028}$		3	超差全扣				
58	外锥 1:4±6′		4	超差2′扣2分				CMM
59	内梯形螺纹Tr32×8（P4）		6	与件2配合轴向窜动不大于0.1mm				
60	内梯形螺纹小径 $\phi28_{0}^{+0.375}$		1	超差全扣				
61	40±0.05		3	超差全扣				CMM
62	24±0.026		3	超差全扣				CMM
63	6±0.024		3	超差全扣				CMM
64	内沟槽 8×3		1	超差全扣				
65	32、$\phi57.25$		1	超差一处扣0.5分				
66	C2（2处）、C1(3处)		1.25	超差一处扣0.25分				
67	粗糙度Ra1.6	内外圆（2处）	2	一处1分，降级全扣				
68		端面槽（2处）	2	一处1分，降级全扣				
69		内梯形螺纹牙侧(4处)	4	一侧1分，降级全扣				
70		内梯形螺纹牙顶	1	降级全扣				
71		外锥面 1:4	2	降级全扣				
	装配及零件完整度		**62**					
72	装配成型		12	一处不能装配扣4分				
74	109±0.07		6	超差0.01扣3分				CMM
75	4±0.05		6	超差0.01扣3分				CMM
76	24±0.042		6	超差0.01扣3分				CMM
77	↗ 0.05 A-B （3处）		12	超差一处扣4分（无偏心扣除偏心处跳动）				
78	工件完整度（4件）		20	一处未完成扣2分				

评分人:　　　　　　　　　　　　　　年　　月　　日

核分人:　　　　　　　　　　　　　　年　　月　　日

2016 年全国职业院校技能大赛中职组

车加工技术赛项操作加工模块评分表（赛题 4）

二、批量件：台阶轴　　　　每件合格 4 分，共 12 分

件 1：

检查项目	实测结果	是否合格
外圆 $\phi 35^{0}_{-0.062}$　Ra3.2		
外圆 $\phi 24^{0}_{-0.052}$　Ra3.2		
内孔 $\phi 24^{+0.084}_{0}$　Ra3.2		
长度 32、$15^{0}_{-0.16}$、11		
$\phi 12$、C1(4 处)		
单件得分		

件 2：

检查项目	实测结果	是否合格
外圆 $\phi 35^{0}_{-0.062}$　Ra3.2		
外圆 $\phi 24^{0}_{-0.052}$　Ra3.2		
内孔 $\phi 24^{+0.084}_{0}$　Ra3.2		
长度 32、$15^{0}_{-0.16}$、11		
$\phi 12$、C1(4 处)		
单件得分		

件 3：

检查项目	实测结果	是否合格
外圆 $\phi 35^{0}_{-0.062}$　Ra3.2		
外圆 $\phi 24^{0}_{-0.052}$　Ra3.2		
内孔 $\phi 24^{+0.084}_{0}$　Ra3.2		
长度 32、$15^{0}_{-0.16}$、11		
$\phi 12$、C1(4 处)		
单件得分		

评分人:　　　　　　　　　　　　　　　年　　月　　日

核分人:　　　　　　　　　　　　　　　年　　月　　日

赛题 5

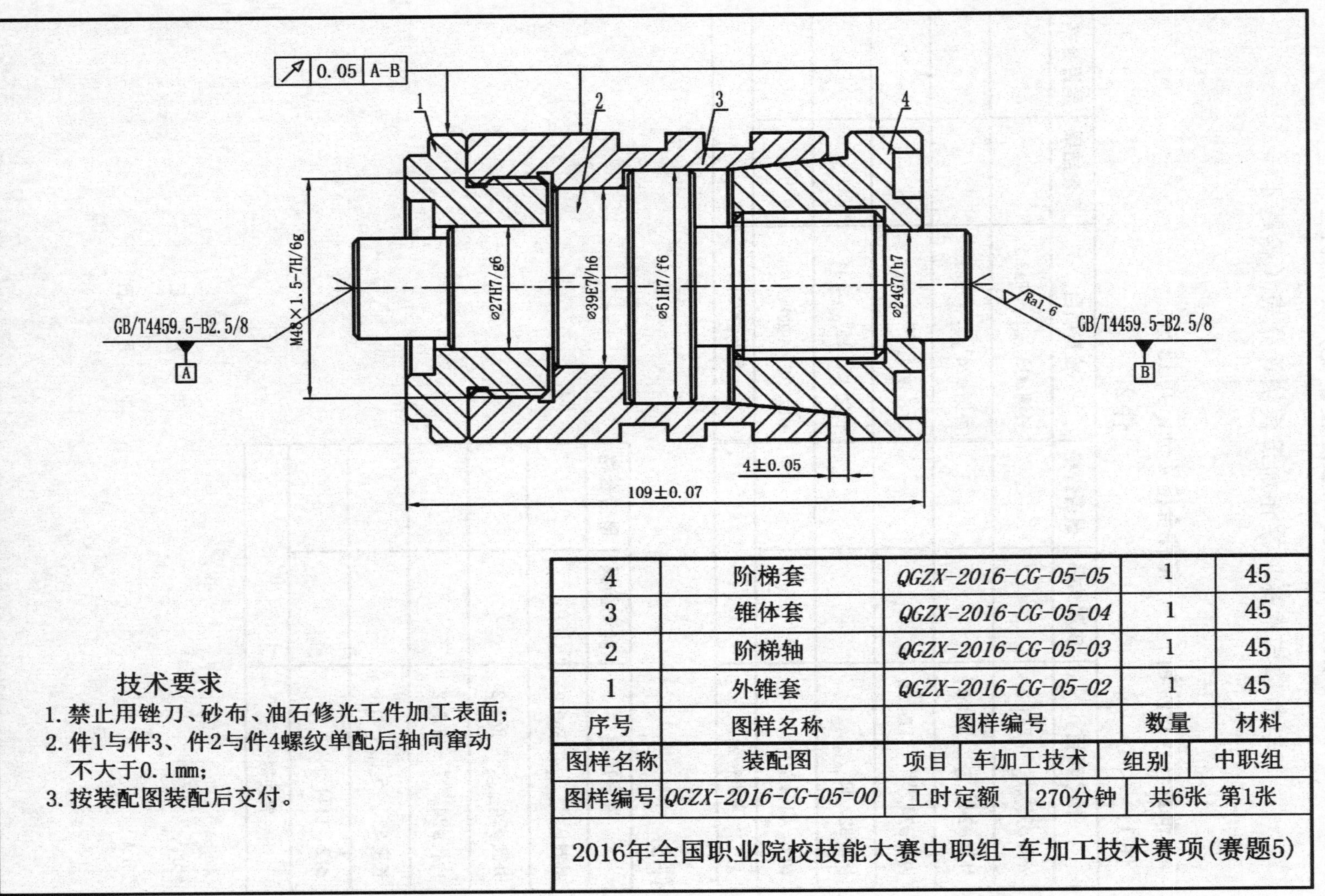
0.05
A-B
1
2
3
4
M48×1.5-7H/6g
⌀27H7/g6
⌀39E7/h6
⌀51H7/f6
⌀24G7/h7
Ra1.6
GB/T4459.5-B2.5/8
A
GB/T4459.5-B2.5/8
B
4±0.05
109±0.07
技术要求
1. 禁止用锉刀、砂布、油石修光工件加工表面;
2. 件1与件3、件2与件4螺纹单配后轴向窜动
不大于0.1mm;
3. 按装配图装配后交付。
4
阶梯套
QGZX-2016-CG-05-05
1
45
3
锥体套
QGZX-2016-CG-05-04
1
45
2
阶梯轴
QGZX-2016-CG-05-03
1
45
1
外锥套
QGZX-2016-CG-05-02
1
45
序号
图样名称
图样编号
数量
材料
图样名称
装配图
项目
车加工技术
组别
中职组
图样编号
QGZX-2016-CG-05-00
工时定额
270分钟
共6张 第1张
2016年全国职业院校技能大赛中职组-车加工技术赛项(赛题5)

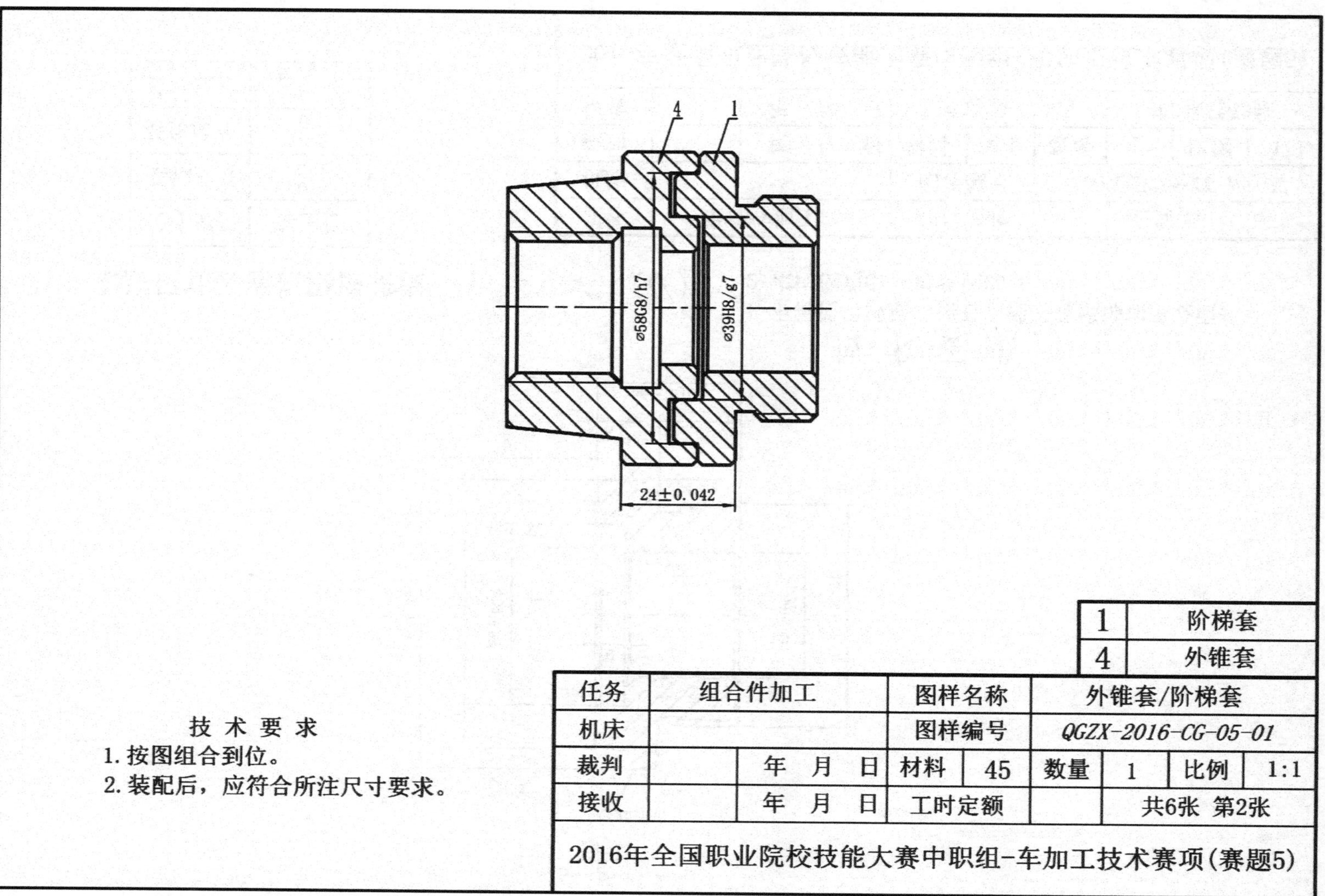
4
1
⌀58G8/h7
⌀39H8/g7
24±0.042
技 术 要 求
1. 按图组合到位。
2. 装配后，应符合所注尺寸要求。
1 阶梯套
4 外锥套
任务 组合件加工 图样名称 外锥套/阶梯套
机床 图样编号 QGZX-2016-CG-05-01
裁判 年 月 日 材料 45 数量 1 比例 1:1
接收 年 月 日 工时定额 共6张 第2张
2016年全国职业院校技能大赛中职组-车加工技术赛项(赛题5)

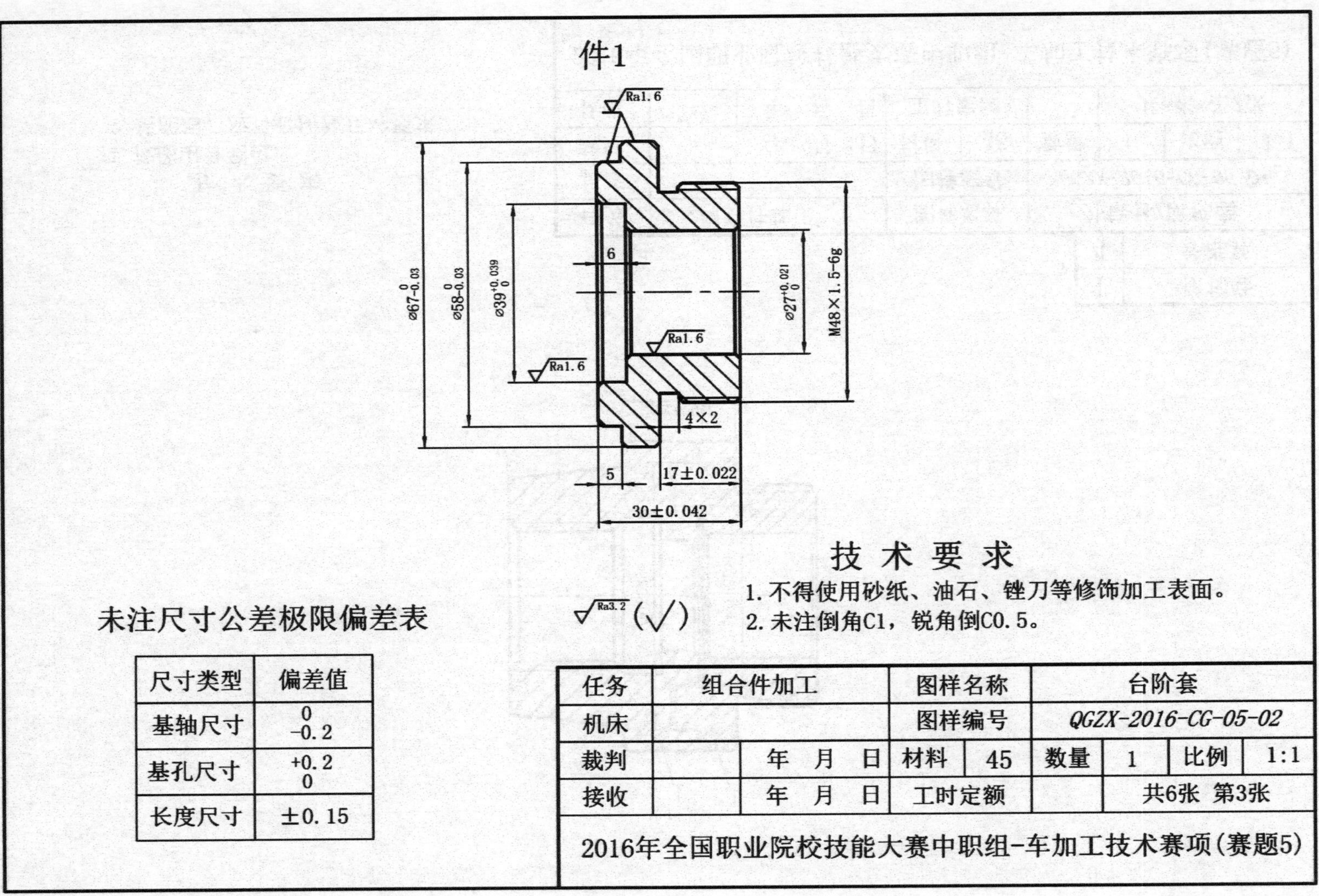

技术要求

1. 不得使用砂纸、油石、锉刀等修饰加工表面。
2. 未注倒角C1，锐角倒C0.5。

未注尺寸公差极限偏差表

尺寸类型	偏差值
基轴尺寸	0 -0.2
基孔尺寸	+0.2 0
长度尺寸	±0.15

任务	组合件加工		图样名称	台阶套			
机床			图样编号	QGZX-2016-CG-05-02			
裁判		年　月　日	材料 45	数量	1	比例	1:1
接收		年　月　日	工时定额		共6张　第3张		

2016年全国职业院校技能大赛中职组-车加工技术赛项(赛题5)

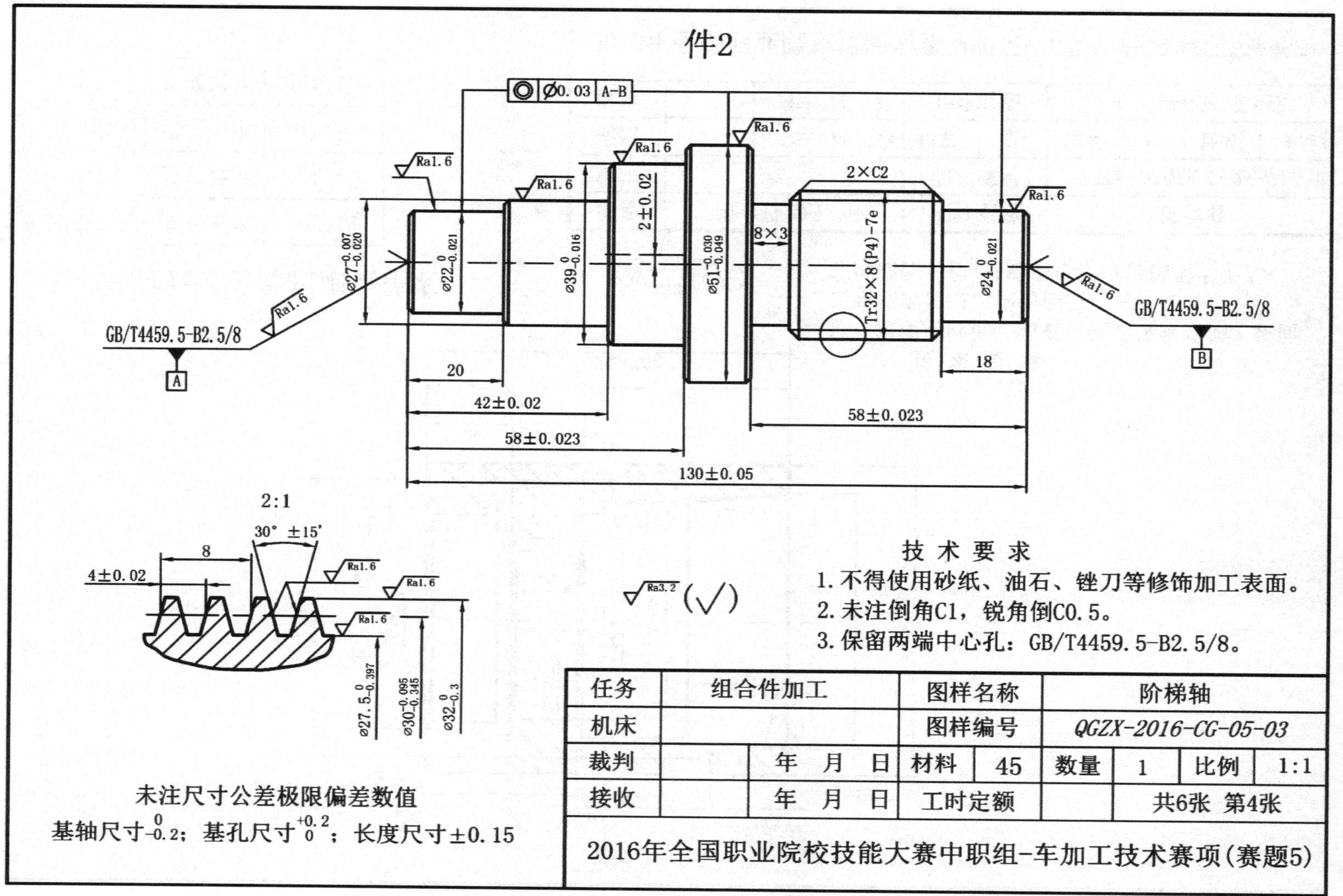
件2
⌀0.03 A-B
Ra1.6
2×C2
2±0.02
8×3
⌀27 -0.007 -0.020
⌀22 0 -0.021
⌀39 0 -0.016
⌀51 -0.030 -0.049
Tr32×8(P4)-7e
⌀24 0 -0.021
GB/T4459.5-B2.5/8
A
B
20
18
42±0.02
58±0.023
58±0.023
130±0.05
2:1
30° ±15'
8
4±0.02
⌀27.5 0 -0.397
⌀30 -0.095 -0.345
⌀32 0 -0.3
Ra3.2 (√)
技　术　要　求
1. 不得使用砂纸、油石、锉刀等修饰加工表面。
2. 未注倒角C1，锐角倒C0.5。
3. 保留两端中心孔：GB/T4459.5-B2.5/8。
任务
组合件加工
图样名称
阶梯轴
机床
图样编号
QGZX-2016-CG-05-03
裁判
年　月　日
材料
45
数量
1
比例
1:1
接收
年　月　日
工时定额
共6张　第4张
2016年全国职业院校技能大赛中职组-车加工技术赛项(赛题5)
未注尺寸公差极限偏差数值
基轴尺寸 0 -0.2；基孔尺寸 +0.2 0；长度尺寸±0.15

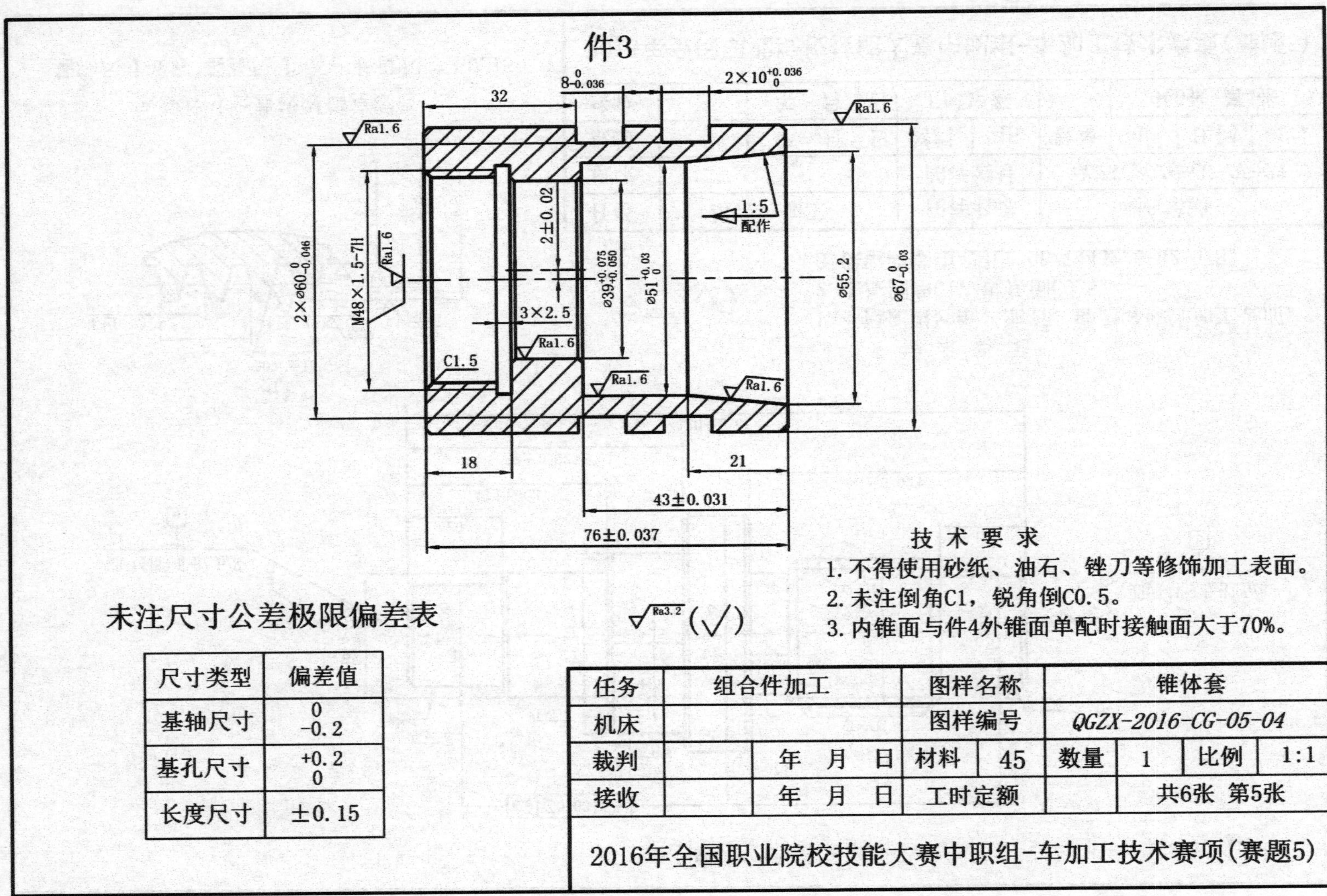
件3
32
8 0 -0.036
2×10 +0.036 0
Ra1.6
Ra1.6
2±0.02
1:5
配作
2×⌀60 0 -0.046
M48×1.5-7H
Ra1.6
⌀39 +0.075 +0.050
⌀51 +0.03 0
⌀55.2
⌀67 0 -0.03
3×2.5
Ra1.6
C1.5
Ra1.6
Ra1.6
18
21
43±0.031
76±0.037
技术要求
1. 不得使用砂纸、油石、锉刀等修饰加工表面。
2. 未注倒角C1，锐角倒C0.5。
3. 内锥面与件4外锥面单配时接触面大于70%。
Ra3.2 (√)
未注尺寸公差极限偏差表
尺寸类型 偏差值
基轴尺寸 0 -0.2
基孔尺寸 +0.2 0
长度尺寸 ±0.15
任务 组合件加工 图样名称 锥体套
机床 图样编号 QGZX-2016-CG-05-04
裁判 年 月 日 材料 45 数量 1 比例 1:1
接收 年 月 日 工时定额 共6张 第5张
2016年全国职业院校技能大赛中职组-车加工技术赛项(赛题5)

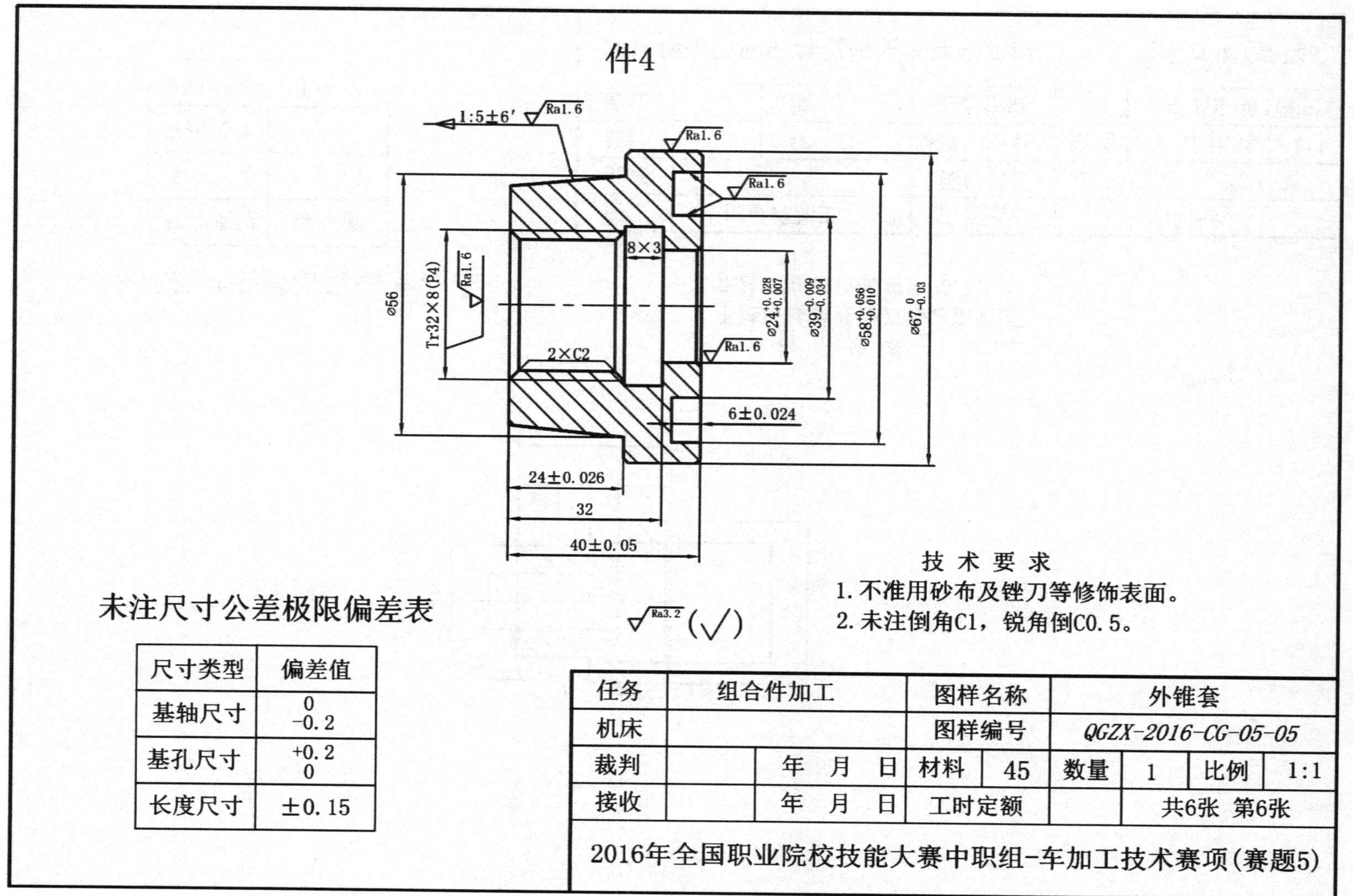
件4
1:5±6′
Ra1.6
Ra1.6
Ra1.6
Ra1.6
Ra1.6
8×3
2×C2
Tr32×8(P4)
⌀56
⌀24+0.028 +0.007
⌀39-0.009 -0.034
⌀58+0.056 +0.010
⌀67 0 -0.03
6±0.024
24±0.026
32
40±0.05
Ra3.2 (√)
技 术 要 求
1. 不准用砂布及锉刀等修饰表面。
2. 未注倒角C1，锐角倒C0.5。
未注尺寸公差极限偏差表
尺寸类型 | 偏差值
基轴尺寸 | 0 -0.2
基孔尺寸 | +0.2 0
长度尺寸 | ±0.15
任务 | 组合件加工 | 图样名称 | 外锥套
机床 | | 图样编号 | QGZX-2016-CG-05-05
裁判 | 年 月 日 | 材料 | 45 | 数量 | 1 | 比例 | 1:1
接收 | 年 月 日 | 工时定额 | | 共6张 第6张
2016年全国职业院校技能大赛中职组-车加工技术赛项(赛题5)

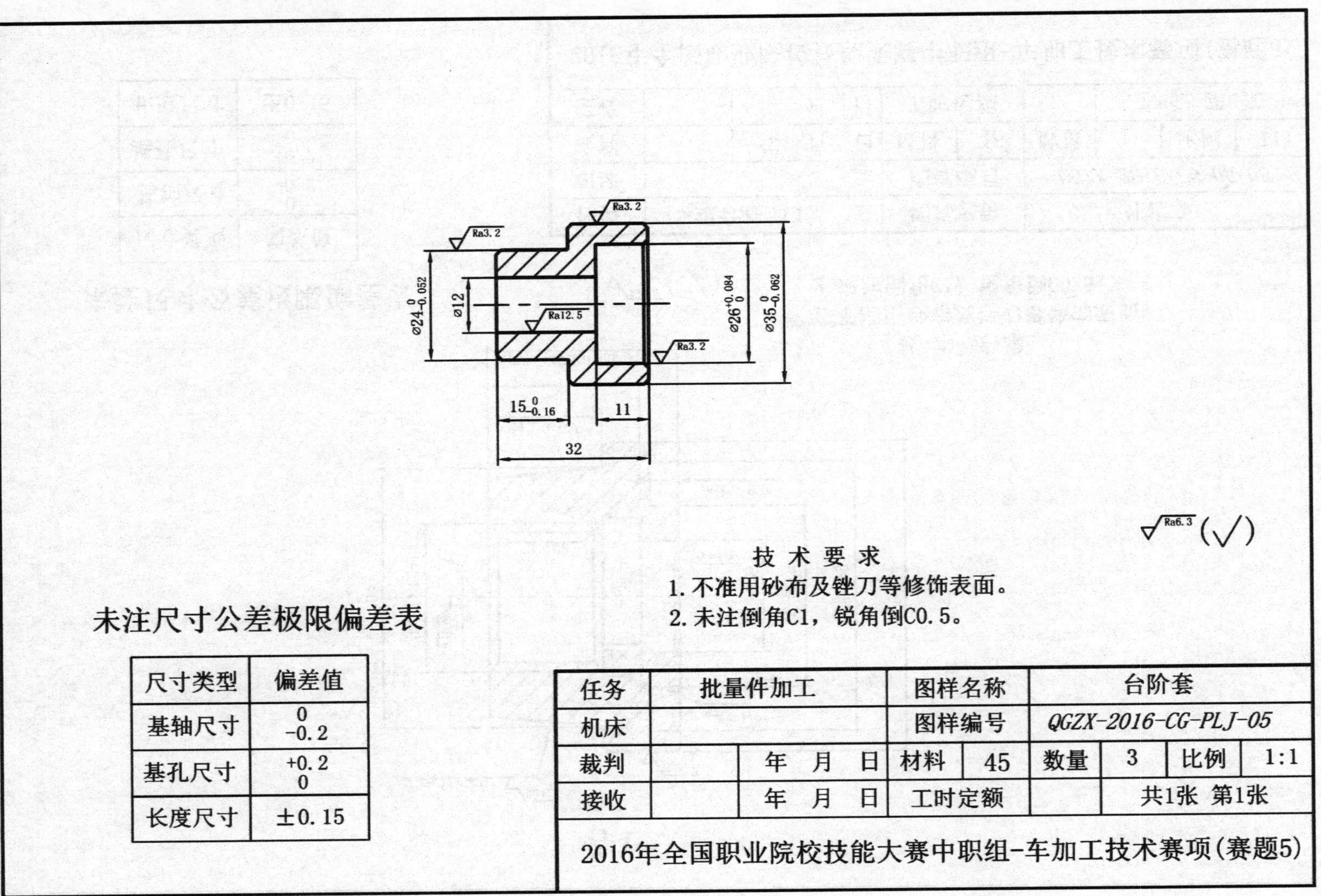

尺寸类型	偏差值
基轴尺寸	0 -0.2
基孔尺寸	+0.2 0
长度尺寸	±0.15

任务	批量件加工		图样名称	台阶套			
机床			图样编号	QGZX-2016-CG-PLJ-05			
裁判		年 月 日	材料	45	数量	3	比例 1:1
接收		年 月 日	工时定额		共1张 第1张		

赛题5评分表

2016年全国职业院校技能大赛中职组
车加工技术赛项操作加工模块评分表（赛题5）

一、组合件　（占总分58%）　赛件编号：________　满分：__271.5__　得分：______

序号	技术要求		配分	评分标准	实测结果	扣分	得分	测量方法
	件1：台阶套		**32**					
1	外圆$\phi67^{0}_{-0.03}$		3	超差全扣				
2	外圆$\phi58^{0}_{-0.03}$		3	超差全扣				
3	内孔$\phi39^{+0.039}_{0}$		3	超差全扣				
4	内孔$\phi27^{+0.021}_{0}$		3	超差全扣				
5	外螺纹M48×1.5-6g		4	超差全扣				
6	30±0.042		3	超差全扣				CMM
7	17±0.022		3	超差全扣				CMM
8	槽4×2		1	超差全扣				
9	6、5		1	超差一处扣0.5分				
10	C1(8处)		2	超差一处扣0.25分				
11	粗糙度Ra1.6	内外圆（4处）	4	一处1分，降级全扣				
12		外螺纹M48（2侧）	2	一侧1分，降级全扣				
	件2：阶梯轴		**74**					
13	外圆$\phi51^{-0.030}_{-0.049}$		3	超差全扣				
14	外圆$\phi22^{0}_{-0.021}$		3	超差全扣				
15	外圆$\phi27^{-0.007}_{-0.020}$		3	超差全扣				
16	外圆$\phi39^{0}_{-0.016}$		3	超差全扣 无偏心全扣				
17	外圆$\phi24^{0}_{-0.021}$		3	超差全扣				
18	梯形螺纹大径$\phi32^{0}_{-0.3}$		1	超差全扣				
19	梯形螺纹中径$\phi30^{-0.095}_{-0.345}$		8	超差全扣				
20	梯形螺纹小径$\phi27.5^{0}_{-0.397}$		1	超差全扣				
21	分线螺距4±0.02		6	超差0.01扣3分				
22	牙形角30°±15′		2	超差全扣				CMM
23	偏心距2±0.02		5	超差0.01扣2分				CMM
24	130±0.05		3	超差全扣				CMM

2016年全国职业院校技能大赛中职组

车加工技术赛项操作加工模块评分表（赛题5）

25	42±0.02		3	超差全扣				CMM
26	58±0.023（左）		3	超差全扣				CMM
27	58±0.023（右）		3	超差全扣				CMM
28	槽8×3		1	超差全扣				
29	20、18		1	超差一处扣0.5分				
30	C2（2处）、C1(6处)		2	超差一处扣0.25分				
31	中心孔B2.5/8		2	超差一处扣1分				
32	◎ ϕ0.03 A-B（3处）		6	超差一处扣2分				
33	粗糙度Ra1.6	外圆（5处）	5	一处1分，降级全扣				
34		梯形螺纹大、小径	2	一处1分，降级全扣				
35		梯形螺纹中径（4侧）	4	一侧1分，降级全扣				
36		中心孔（2个）	1	一处0.5分，降级全扣				
	件3：锥体套		**57.25**					
37	外圆$\phi67^{0}_{-0.03}$		4	超差全扣				
38	沟槽$\phi60^{0}_{-0.046}$（2处）		6	超差一处扣3分				
39	内孔$\phi39^{+0.075}_{+0.050}$		3	超差全扣 无偏心全扣分				
40	内孔$\phi51^{+0.03}_{0}$		3	超差全扣				
41	内螺纹M48×1.5-7H		4	与件1配合后轴向窜动不大于0.1mm				
42	内锥1:5		4	与件4接触面≥70%，每少10%扣2分				
43	偏心距2±0.02		5	超差0.01扣3分				CMM
44	$8^{0}_{-0.036}$		3	超差全扣				CMM
45	$2\times10^{+0.036}_{0}$		6	超差一处扣3分				CMM
46	76±0.037		3	超差全扣				CMM
47	43±0.031		3	超差全扣				CMM
48	内沟槽3×2.5		1	超差全扣				
49	32、18、21、ϕ55.2		2	超差一处扣0.5分				
50	C1(4处)、C1.5		1.25	超差一处扣0.25分				
51	粗糙度Ra1.6	内外圆（5处）	5	一处1分，降级全扣				
52		内锥1:5	2	降级全扣				
53		内螺纹M48（2侧）	2	一侧1分，降级全扣				
	件4：外锥套		**46.25**					
54	外圆$\phi67^{0}_{-0.03}$		3	超差全扣				
55	端面槽$\phi58^{+0.056}_{+0.010}$		3	超差全扣				

2016 年全国职业院校技能大赛中职组

车加工技术赛项操作加工模块评分表（赛题 5）

56	端面槽$\phi39_{-0.034}^{-0.009}$		3	超差全扣				
57	内孔$\phi24_{+0.007}^{+0.028}$		3	超差全扣				
58	外锥 1:5±6′		4	超差2′ 扣2分				CMM
59	内梯形螺纹Tr32×8（P4）		6	与件2配合轴向窜动不大于0.1mm				
60	内梯形螺纹小径$\phi28_{0}^{+0.375}$		1	超差全扣				
61	40±0.05		3	超差全扣				CMM
62	24±0.026		3	超差全扣				CMM
63	6±0.024		3	超差全扣				CMM
64	内沟槽 8×3		1	超差全扣				
65	32、$\phi56$		1	超差一处扣0.5分				
66	C2（2 处）、C1(3 处)		1.25	超差一处扣0.25分				
67	粗糙度 Ra1.6	内外圆（2 处）	2	一处1分，降级全扣				
68		端面槽（2 处）	2	一处1分，降级全扣				
69		内梯形螺纹牙侧(4 处)	4	一侧1分，降级全扣				
70		内梯形螺纹牙顶	1	降级全扣				
71		外锥面 1:5	2	降级全扣				
	装配及零件完整度		**62**					
72	装配成型		12	一处不能装配扣4分				
74	109±0.07		6	超差0.01扣3分				CMM
75	4±0.05		6	超差0.01扣3分				CMM
76	24±0.042		6	超差0.01扣3分				CMM
77	↗ 0.05 A-B （3 处）		12	超差一处扣 4 分（无偏心扣除偏心处跳动）				
78	工件完整度（4 件）		20	一处未完成扣2分				

评分人：　　　　　　　　　　　　　年　　月　　日

核分人：　　　　　　　　　　　　　年　　月　　日

2016年全国职业院校技能大赛中职组

车加工技术赛项操作加工模块评分表（赛题5）

二、批量件：台阶轴　　　每件合格4分，共12分

件1：

检查项目	实测结果	是否合格
外圆$\phi35^{0}_{-0.062}$　Ra3.2		
外圆$\phi24^{0}_{-0.052}$　Ra3.2		
内孔$\phi26^{+0.084}_{0}$　Ra3.2		
长度32、$15^{0}_{-0.16}$、11		
$\phi12$、C1(4处)		
单件得分		

件2：

检查项目	实测结果	是否合格
外圆$\phi35^{0}_{-0.062}$　Ra3.2		
外圆$\phi24^{0}_{-0.052}$　Ra3.2		
内孔$\phi26^{+0.084}_{0}$　Ra3.2		
长度32、$15^{0}_{-0.16}$、11		
$\phi12$、C1(4处)		
单件得分		

件3：

检查项目	实测结果	是否合格
外圆$\phi35^{0}_{-0.062}$　Ra3.2		
外圆$\phi24^{0}_{-0.052}$　Ra3.2		
内孔$\phi26^{+0.084}_{0}$　Ra3.2		
长度32、$15^{0}_{-0.16}$、11		
$\phi12$、C1(4处)		
单件得分		

评分人：　　　　　　　　　　　　年　月　日

核分人：　　　　　　　　　　　　年　月　日